Bibliografische Information der Deutschen Nationalbibliothek:
Die Deutsche Nationalbibliothek verzeichnet diese Publikation in der Deutschen Nationalbibliografie; detaillierte bibliografische Daten sind im Internet über http://dnb.d-nb.de abrufbar.

© 2016 Faserinstitut Bremen e.V.

Die **Forschungsberichte aus dem Faserinstitut Bremen** erscheinen in unregelmäßiger Folge.
Herausgegeben vom
FASERINSTITUT BREMEN e.V. — FIBRE —
Am Biologischen Garten 2
D-28359 Bremen

Der vorliegende Band erscheint als Nr. 52 dieser Reihe.

Autor: Lisa Müller, M.Sc.
Titel: Resin Film Pultrusion (RFP) - Kosteneffiziente Lösung für eine automatisierte, kontinuierliche Fertigung von CFK-Versteifungsprofilen.

Herstellung und Verlag: BoD - Books on Demand, Norderstedt.

ISBN dieses Bandes: 978-3-7412-9107-4

Schlussbericht

zu dem IGF-Vorhaben

Resin Film Pultrusion

der Forschungsstelle(n)

Faserinstitut Bremen e.V.

Das IGF-Vorhaben 18304 N/1 der Forschungsvereinigung Forschungskuratorium Textil wurde über die

im Rahmen des Programms zur Förderung der Industriellen Gemeinschaftsforschung (IGF) vom

aufgrund eines Beschlusses des Deutschen Bundestages gefördert.

Bremen, 20.10.2016	
Ort, Datum	Name und Unterschrift des/der Projektleiter(s) an der/den Forschungsstelle(n)

Danksagung

Das IGF-Vorhaben „Resin Film Pultrusion (RFP)" (IGF-Nr. 18304 N/1) der Forschungsvereinigung Forschungskuratorium Textil e.V., Reinhardtstraße 12-14, 10117 Berlin wurde über die AiF im Rahmen des Programms zur Förderung der industriellen Gemeinschaftsforschung und –Entwicklung (IGF) vom Bundesministerium für Wirtschaft und Energie aufgrund eines Beschlusses des Deutschen Bundestages gefördert. Dafür möchten wir an dieser Stelle herzlich danken.

Darüber hinaus gilt unser Dank den beteiligten Projektpartnern und den Mitgliedern des Projekt begleitenden Ausschusses für die gute Zusammenarbeit und die Unterstützung bei den Forschungsarbeiten.

Der Schlussbericht kann beim Faserinstitut Bremen e. V. (FIBRE) ausgeliehen werden.

Gefördert durch:

Bundesministerium
für Wirtschaft
und Energie

aufgrund eines Beschlusses
des Deutschen Bundestages

Faserinstitut Bremen e.V.

Zusammenfassung der Ergebnisse zum AiF-Forschungsvorhaben 18304 N/1

"Resin Film Pultrusion (RFP) - Kontinuierliche Fertigung schlagzäher Faserverbundstrukturen auf Basis kosteneffizienter textiler Halbzeuge und Harzfilme"

Mit diesem Forschungsprojekt verfolgte das Faserinstitut das Ziel, eine kontinuierliche Prozesskette - basierend auf der Pultrusions-Technologie - zur Verarbeitung von textilen Halbzeugen in Kombination mit Harzfilmen zu entwickeln. Die Herausforderung hierbei bestand in der Prozessentwicklung zum kontinuierlichen Preforming des bewegten Lagenpakets und der anschließenden Imprägnierung und Konsolidierung in einer kontinuierlich arbeitenden getakteten RTM-Presse. Da der Preformingprozess einer gleichmäßigen Adhäsion zwischen Harzfilm und Textil bedarf, der Imprägnierungsprozess dagegen eine geringe Viskosität des Harzsystems zur vollständigen Benetzung des Textils erforderlich macht, wurde zu Beginn des Projektes, das Verhalten des Harzfilms in Abhängigkeit der Temperatur (DSC, Klebrigkeitsuntersuchungen) analysiert. Im Anschluss daran wurden statische Pressversuche durchgeführt, anhand derer sowohl die Ergebnisse der Harzfilmuntersuchung validiert als auch die Abzugsgeschwindigkeit und das Druckprofil für den kontinuierlichen Prozess abgebildet wurden. Zur Validierung der Prozesskette wurde eine automobile Versteifungsstruktur in Form eines Pkw-Seitenaufpallträgers als Demonstrator gewählt und im entwickelten Prozess kontinuierlich hergestellt. Die dabei hergestellten Profile wurden auf ihren Aushärtegrad und Faservolumengehalt untersucht. Zusätzlich wurden Schliffbilder analysiert.

Mit der Fertigungstechnologie ist es möglich durch die Nutzung eines Harzfilms und einem daraus resultierenden kurzen Fließweg in Dickenrichtung, hochviskose Harzsysteme mit homogen integrierten funktionellen Inhaltsstoffen in Kombination mit einem textilen Halbzeug zu verarbeiten. Es lassen sich so schlagzähmodifizierte Faserverbund-Profile mit hohem Energieaufnahmevermögen im Nassverfahren kontinuierlich, kosteneffizient und mit reproduzierbarer Bauteilqualität herstellen.

Zusammenfassend wurde mit dem Projekt 'Resin Film Pultrusion' ein kontinuierlicher Fertigungsprozess entwickelt, welcher bei geringer Komplexität kosteneffizient eine reproduzierbare Bauteilqualität erreicht.

Somit wurden folgende Ergebnisse erreicht:

- Entwicklung einer Prozesskette zur kontinuierlichen Herstellung von Versteifungsprofilen
- Entwicklung einer Preforming-Einheit
- Entwicklung einer Imprägnierungs- und Konsolidierungseinheit
- Fusion der Preforming-Einheit und der Konsolidierungseinheit in einer Prozesskette
- Fertigung von Demonstratorprofilen in einem kontinuierlichen Prozess

Das Ziel des Forschungsvorhabens wurde erreicht.

Inhalt

1. Forschungsthema 1
2. Wissenschaftlich-technische und wirtschaftliche Problemstellung 1
3. Forschungsziel / Ergebnisse 10
   - 3.1. Forschungsziel 10
   - 3.2. Forschungsergebnisse 13
     - 3.2.1. Definition der Referenzstruktur und Materialien 14
     - 3.2.2. Entwicklung eines kontinuierlichen Preformingprozesses 19
     - 3.2.3. Entwicklung eines kontinuierlichen Prozesses zur Konsolidierung ... 29
     - 3.2.4. Zusammenführung in einer PRTM-Prozesskette 35
     - 3.2.5. Dokumentation und Bewertung der Projektergebnisse 42
     - 3.2.6. Geplante Arbeitspakete / umgesetzte Arbeitspakete 43
     - 3.2.7. Angemessenheit und Notwendigkeit 45
   - 3.3 Innovativer Beitrag der Forschungsergebnisse 46
4. Wirtschaftliche Bedeutung des Forschungsthemas für kleine und mittlere Unternehmen (KMU) 47
   - 4.1 Voraussichtliche Nutzung der angestrebten Forschungsergebnisse 47
   - 4.2 Voraussichtlicher Beitrag zur Steigerung der Wettbewerbsfähigkeit der KMU 49
   - 4.3 Aussagen zur voraussichtlichen industriellen Umsetzung der FuE-Ergebnisse .. 51
5. Ergebnistransfer in die Wirtschaft 53
6. Durchführende Forschungsstelle(n) 55
7. Verzeichnisse 58

1. Forschungsthema

Resin Film Pultrusion (RFP) - Kosteneffiziente Lösung für eine automatisierte, kontinuierliche Fertigung von CFK-Versteifungsprofilen

2. Wissenschaftlich-technische und wirtschaftliche Problemstellung

Faserverbundstrukturen verfügen im Vergleich zu metallischen Komponenten auf Grund der hohen spezifischen Festigkeit und Steifigkeit über ein großes Leichtbaupotenzial, welches im Flugzeugbau und zunehmend auch im Automobilbau sowie in anderen Industriebereichen genutzt wird. Besonders im Hinblick auf eine steigende Nachfrage nach Elektromobilität lassen sich durch gezielte Leichtbaumaßnahmen die Fahrzeugmasse reduzieren und damit Fahrzeugreichweiten deutlich erhöhen. Um dieses Potenzial vollständig und wirtschaftlich auszuschöpfen, werden zunehmend komplexe, endlosfaserverstärkte Faserverbundstrukturen angestrebt um damit insbesondere metallische Komponenten zu substituieren. Dabei wird bereits heute ein großer Anteil von Faserverbundstrukturen bzw. deren Vorprodukte in KMU aus der Textilindustrie, bei Anlagenbauern und Verbundherstellern sowie Zulieferern für verschiedene Industriezweige hergestellt und verarbeitet.

Mit Hilfe von lastgerechten Faserverbundbauweisen können Strukturen mit hoher Biegesteifigkeit und -festigkeit realisiert werden. Darüber hinaus können diese ausgelegt werden, um im Schadensfall große Mengen Energie zu absorbieren. Auf Grund dieser Eigenschaften sind diese Strukturen für Anwendungen im Fahrzeugbau, im Gebäudebausektor oder Schiffbau vielseitig einsetzbar.

Der Einsatz von Strukturen aus Faserverbundkunststoffen (FVK) in Großserien scheitert häufig an ihren Herstellungs- und Materialkosten. Je nach Industriezweig wird von einem Fertigungskostenanteil an den Gesamtbauteilkosten von 50 % bis zu etwa 70 % in der Luftfahrt ausgegangen. Um Bauteile aus diesem Werkstoff zu konkurrenzfähigen Kosten fertigen zu können, muss der Herstellungsprozess weitgehend automatisiert sein und eine geringe Fertigungszeit aufweisen. Weiterhin müssen die Materialkosten minimiert und dabei alle mechanischen, thermischen und chemischen Anforderungen erfüllt werden (vgl. [FLE96, HER03, SCH06]).

Crashstrukturen im Automobilbau (Seitenaufprall)

Im Personenverkehr gilt es generell einen Insassenschutz durch einen entsprechend geschützten Fahrgastraum mit einer minimalen Beschleunigung der Insassen bei einem Unfallereignis zu gewährleisten. Verschiedene Crashzonen von Pkw unterliegen dabei unterschiedlichen Regularien. Gemäß den Richtlinien der National Highway Traffic Association (NHTA) und dem European New Car Assessment Programme (Euro NCAP) müssen Seitenschweller-, Säulen- und Türstrukturen bei verschiedenen Unfallszenarien eine ausreichende Integrität der Fahrgastzelle und damit einen Schutz der Insassen gewährleisten.

Neben einem Seitenaufprall mit einer verformbaren Barriere zur Simulation eines Aufpralls eines Fahrzeugs ist ein seitlicher Pfahlaufprall von besonderer Bedeutung [NHT98, NCA13, FER09].

Die Karosserie, d.h. tragende Strukturelemente heutiger Pkw bestehen zu einem großen Anteil aus metallischen Komponenten. Auf Grund einer guten Verfügbarkeit und weitentwickelten, kosteneffizienten Fertigungsprozessen gepaart mit einer guten Fügbarkeit haben sich diese metallischen Strukturen bewährt [SWI13, FUC08, ORS07, BRE07].

Um heutigen Anforderungen an crashbeanspruchten Strukturen gerecht zu werden, kommen besonders für Seitenelemente, die nur einen geringen Deformationsweg bieten, hochfeste metallische Komponenten zum Einsatz. Diese bieten zu herkömmlichen Lösungen einen verbesserten Insassenschutz bei geringerer Masse. Neben diesen strukturellen Vorteilen ist eine Verarbeitung solch hochfester Strukturen jedoch besonders aufwendig und damit kostenintensiv [SWI13, FUC08, ORS07, LI03, GHA13].

[SWI13] untermauert diesen automobilen Trend der vergangenen zehn Jahre. Es lässt sich feststellen, dass durchschnittlich der Masseanteil an regulärem Stahl an der Pkw Gesamtmasse um etwa 8 % reduziert und maßgeblich durch hochfeste Stahllegierungen ersetzt wurde. Der durchschnittliche Zuwachs von Aluminium sowie Kunststoffen und Composite Strukturen ist mit weniger als 2 % zu beziffern. [SWI13]

Bei metallischen Energieabsorbern findet in der Regel eine Umwandlung durch elastische und plastische Verformung statt. Im Falle von insbesondere hochfesten Legierungen bieten diese neben einer hohen Biegesteifigkeit durch eine hohe Härte einen entsprechenden mechanischen Widerstand gegen ein lokales Eindringen eines Körpers [ALG00].

Es ist ein zunehmender Einsatz von Elementen zur Verstärkung in Fahrzeugquerrichtung zu verzeichnen. So wird eine Verwendung z.B. von (Metall)-Schaumverstärkungen und Mehrkammerprofilen untersucht [SMI12, SHA07, KIM02, JAN09, SAN98].

FV-Strukturen nutzen ein sukzessives Kollabieren der Struktur. Eine Energieumwandlung findet durch eine Abfolge von Zerstörungsmechanismen wie Faserbrüche, Rissbildung in der Matrix, Faser-Matrix Ablösungen und Delaminationen statt [FER09, JAC02]. Auf Grund einer geringen Festigkeit der Matrix weisen FV jedoch nur einen geringeren Widerstand gegen hohe punktuelle Belastungen auf.

Faserverbundstrukturen ermöglichen im Vergleich zu metallischen Bauteilen eine enorme Masseeinsparung und bieten gleichzeitig bei beanspruchungsgerechter Auslegung eine hohe Biege- und Zugfestigkeit sowie ein hohes Energieabsorptionsvermögen. Daher werden solchen FV-Strukturen zunehmend für automobile Anwendungen in Betracht gezogen.

Pkw-Türversteifungen wie in Abbildung 1 (links) zu sehen unterliegen engen baulichen Beschränkungen innerhalb der Tür. Eine besonders crash-beanspruchungsgerechte textile Struktur mir einer dreidimensionalen Faserverstärkung, d.h. auch in Richtung der

Lasteinleitung beim Seitenaufprall ist dadurch häufig nicht realisierbar. Sowohl in Metallbauweise als auch neueste Entwicklungen für CFK-Türversteifungsprofile (siehe Abbildung 1, rechts) sind oft offene Profile.

Verschiedene Studien haben bereits das Potential von Faserverbundstrukturen für unterschiedliche automobile Komponenten wie u.a. auch Türversteifungsprofile gezeigt. Glasfaserverstärkte Kunststoff (GFK) Profile erreichen eine bis zu 20 % höhere Festigkeit bei 30-50 % Masseersparnis gegenüber einer Stahlvariante als Türprofil zum Schutz beim Seitenaufprall [LIM02], [CHE97]. Kohlenstofffaserverstärkte Strukturen bieten darüber hinaus bei erhöhten Energieaufnahmevermögen ein weiteres Masseeinsparungspotential von fast 30 % gegenüber GFK-Karosserie-Strukturen [LIU13, DLR12].

 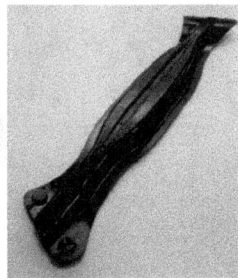

Abbildung 1: Automobiles Türversteifungsprofil in Aluminiumbauweise [AUT13] (links), Messedemonstrator der Firma Krauss Maffei eines CFK (Thermoplast) Türprofils (rechts)

Die maßgeblichen Lastfälle zur Strukturauslegung ergeben sich unabhängig vom eingesetzten Werkstoff im Crashfall. Gemäß des Prüfprogramms des European New Car Assessment Programme sind dies für seitliche automobile Strukturen Beanspruchungen, die sich u.a. aus den in Abbildung 2 dargestellten Seitenaufprallszenarios ergeben. Daher werden insbesondere biegesteife Strukturen mit hoher Festigkeit sowie im Crashfall mit hohem Energieabsorptionsvermögen benötigt, um ein Eindringen des Unfallgegners bzw. Prüfobjekts in den Fahrgastraum zu vermeiden [NHT98, NCA13, FER09].

Faserverbundstrukturen bieten bei beanspruchungsgerechter Auslegung eine Möglichkeit Strukturen mit hoher spezifischer Biegesteifigkeit und -festigkeit zu nutzen. Auf Grund der hohen mechanischen Eigenschaften bei geringer Dichte gepaart mit einem geringen Verzug und Schrumpf, hoher thermaler und chemischer Beständigkeit sowie schnellen Aushärtezyklen stellen z.B. Epoxidharze eine beanspruchungsgerechten Matrixwerkstoff dar. Diese weisen jedoch üblicherweise eine hohe Sprödigkeit und eine geringe Schlagzähigkeit auf [YAH13], [BUL14], [FLEM96].

Wissenschaftlich-technische und wirtschaftliche Problemstellung

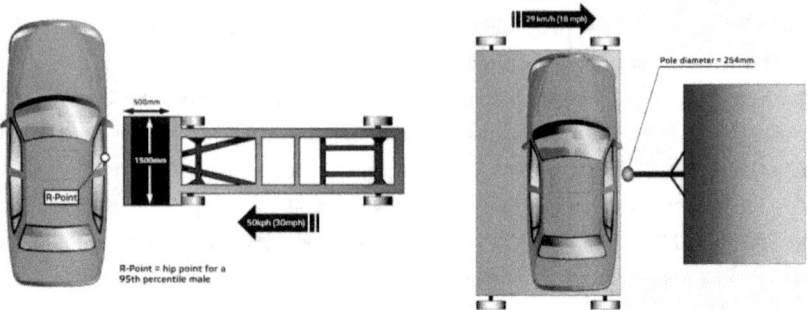

Abbildung 2: Verschiedene Seitenaufprallszenarios gemäß NCAP [NCA13], in Anlehnung an seitlichen Pkw-Aufprall (links), in Anlehnung an seitlichen Pfahlaufprall (rechts)

Um diesen nachteiligen Eigenschaften entgegenzuwirken werden Harzsysteme mit zusätzlichen funktionellen Inhaltsstoffen zur Steigerung der Schlagzähigkeit versehen. So können verschiedenartige insbesondere thermoplastische oder elastomere Zusatzstoffe, die eine zweite Phase in der polymeren Matrix bilden die Schlagzähigkeit beträchtlich erhöhen [YAH13], [BUL14], [TAN13].

Eine funktionelle Modifikation des Harzes ist auch im Hinblick auf eine Steigerung weiterer Eigenschaften, wie der elektrischen Leitfähigkeit durch den Zusatz leitfähiger Partikel, möglich [SCHW06]. So kann die elektrische Leitfähigkeit von z.B. glasfaserverstärkten Bauteilen verbessert werden. Ein häufig erforderlicher Blitzschutz auf Basis einer zusätzlichen metallischen Schicht im FV kann somit reduziert werden bzw. entfallen.

Faserverbunde bieten somit ein enormes Potential für biegesteife Crashstrukturen für Anwendungen z.B. in der Automobilindustrie und einer Substitution metallischer Komponenten.

Fertigung duromerer FVK

Komplexe FKV-Schalen und -Profile werden heutzutage für Hochleistungsanwendungen insbesondere in der Luftfahrt meist auf Basis von Prepreg-Halbzeugen (von englisch: pre-impregnated, vorimprägniert) hergestellt. Neben hohen Halbzeugpreisen weisen diese Materialien jedoch eine geringe Flexibilität auf und werden häufig nur in manuellen bis hin zu teilautomatisierten Prozessen verarbeitet [PUR11a].

Besonders trockene textile Halbzeuge bieten eine kosteneffiziente Alternative zur Herstellung komplexer Strukturen. Es finden produktspezifische textile Halbzeuge Anwendung, die aus Hochleistungsfasern aufgebaut sind und während des Bauteilentstehungsprozesses mit einem duromeren Kunststoff imprägniert und konsolidiert werden. Sowohl Prepreg-Verfahren als auch Verfahren zur Verarbeitung trockener Halbzeuge erfordern eine Vorkonfektionierung der textilen Halbzeuge und eine Bestückung der Aushärtewerkzeuge mit Faserstrukturen.

Besonders flächige textile Halbzeuge, wie Gelege und Gewebe müssen individuell zugeschnitten und in entsprechende Formwerkzeuge drapiert werden. Während der Lagenzuschnitt und die Schichtung der Lagen automatisiert erfolgen können, ist der Prozessschritt der Werkzeugbestückung und des textilen Drapierens häufig durch manuelle Arbeitsschritte geprägt.

Es können verschiedene textile Halbzeuge zur Herstellung von Hochleistungs-FV-Profilen genutzt werden. Verwirkte, gestrickte, geflochtene und gewebte Textilien bieten eine kontinuierliche und endkonturnahe Vorkonfektionierung des Ausgangsmaterials. Die textilen Vorkonfektionierungsprozesse sind allgemein hochautomatisiert und können kosteneffiziente textile Halbzeug bereitstellen. Dabei zeigen sich besonders Gelege, Geflechte und Gewebe als Nicht-Maschenware mit einem hohen Potential für Hochleistungsprofile mit hoher Biegefestigkeit und -steifigkeit auf Grund der im Vergleich zu Maschenware geringen Faserumlenkungen. Diese textilen Halbzeuge können beanspruchungsgerecht vorkonfektioniert und als Endlosware zur Verfügung gestellt werden. Neben z.B. Geweben oder Geflechten zeigen sich multiaxial verstärkte Gelege (MAG) als besonders kosteneffizient herstellbare textile Halbzeuge. Zudem bieten MAG eine belastungsgerechte Anordnung der Verstärkungsfasern auf Grund eines hohen Anteils an gestreckten Fasern.

Geflechte und Gewebe verfügen über ein hohes Energieabsorptionsvermögen. Dies ist u.a. auf einen hohen Anteil an ondulierten Fasern zurückzuführen. Geflechte sind jedoch hinsichtlich der Faserorientierung begrenzt. Besonders in Produktionsrichtung kann eine Faserverstärkung nur durch zusätzliche Stehfäden erreicht werden [BAN01].

Durch Injektions- oder Infusionsverfahren werden textile Halbzeuge mit Harz durchtränkt und anschließend zum fertigen Bauteil ausgehärtet (z. B. RTM-, VARI-Verfahren etc.). Es erfolgt meist eine manuelle Entformung und eine mechanische Nachbearbeitung, z. B. von Bauteilkanten, und eine Vorbereitung von Befestigungspunkten. Je nach Anwendungsfall wird eine Qualitätsprüfung einiger weniger bis hin zu allen Bauteilen, z. B. in der kommerziellen Luftfahrt, durchgeführt.

Vorformlinge auf Basis von z.B. multiaxial verstärkten Gelegen, Geweben und Geflechten bieten eine kostengünstige Alternative zu Prepreg Halbzeugen. Nachteilig zeigt sich jedoch, dass eine Verarbeitung von Hochleistungsharzen mit funktionellen Inhaltsstoffen, z.B. zur Erhöhung der Schlagzähigkeit, im Rahmen von Infusionsprozessen auch weiterhin eine große Herausforderung darstellt. So setzen zusätzliche Inhaltsstoffe die Fließfähigkeit herab bzw. neigen dazu, sich inhomogen im Verbund zu verteilen. Eine korrekte Ausbildung der zweiten Phase in der polymeren Matrix durch funktionelle Zusatzstoffe, die entsprechende Konzentration und Anordnung ist dabei von entscheidender Bedeutung. Dies hat zur Folge, dass durch bereits geringe Abweichungen von Prozessparametern nicht die gewünschte Anordnung und Ausbildung der zweiten polymeren Phase stattfinden kann und die

Schlagzähigkeit niedrig bleibt. Dies gilt sowohl für bei der Infiltration im Harz gelösten funktionellen Inhaltsstoffen als auch z.b. für thermoplastische Vliese als Zwischenschicht in textilen Halbzeugen zur Erhöhung der Schlagzähigkeit des Verbundes, die im Harz durch eine geeignete Prozessführung aufgelöst werden müssen [YAH13], [BUL14], [TAN13], [NAF06]. Eine homogene Imprägnierung von großen und komplexen Preforms wird somit stark erschwert. Daher werden Strukturbauteile insbesondere in der Luftfahrt auf Basis von Prepreg-Halbzeugen hergestellt. Diese ermöglichen eine homogene Integration funktioneller Inhaltsstoffe in das Harzsystem und vermeiden lange Fließwege bei der Imprägnierung [NAF06].

Eine Alternative zu Prepregs bieten unausgehärtete Harzfilme, die u.a. auch zur Prepregherstellung genutzt werden. Diese werden im Vakuumverfahren zur Imprägnierung trockener textiler Halbzeuge genutzt. Da bei der Harzfilminfusion (engl.: Resin Film Infusion (RFI)) das Textil flächig mit einem Harzfilm ausgestattet wird, ergeben sich besonders kurze Fließwege durch eine Imprägnierung in Dickenrichtung. Somit können wiederum funktionelle Inhaltsstoffe homogen in einen Verbund integriert werden und z.B. die Schlagzähigkeit oder die elektrische Leitfähigkeit gesteigert werden. Ein Harzfilm wird beim RFI-Verfahren unter einem trockenen textilen Halbzeug in einem Vakuumaufbau platziert. Durch Wärmezufuhr und einen Konsolidierungsdruck wird nach Verflüssigung des Harzfilms eine Durchtränkung des textilen Lagenpakets in Dickenrichtung bewirkt. Beim RFI-Verfahren handelt es sich um einen wenig automatisiertes und von vielen manuellen Prozessschritten geprägtes Verfahren [BAD02, LOO02, PAR03, KAR01].

Solche zum Teil diskontinuierlich ablaufenden Prozessketten zur Herstellung von Faserverbundstrukturen führen in Abhängigkeit von der Komplexität der Struktur zu teils großem Aufwand. Eine automatisierte kontinuierliche Zusammenführung und Formgebung textiler Halbzeuge sowie eine Imprägnierung und Aushärtung ist besonders für die kosteneffiziente Fertigung komplexer Bauteilgeometrien erforderlich.

Zunehmend wird daher eine automatisierte Aneinanderreihung verschiedener Teilprozesse zur Vorkonfektionierung von textilen Halbzeugen sowie zu deren Infiltration und Aushärtung angestrebt. In Projekten wie "Auto-RTM" wurde eine solche Verfahrensweise bereits für Bauteile mit begrenzten Abmessungen erprobt [MEI07]. Neben verschiedenen getakteten Verfahren zur Herstellung von faserverstärkten Kunststoffen, wie eine Kombination von automatisierten textilen Preforming-Prozessen mit automatisierten RTM-Verfahren, existieren einige wenige kontinuierlich getaktete Verfahren, wie das Advanced Composite Molding (ADP) [BRO13, JAM14] und das Continuous Compression Molding (CCM)-Verfahren [GAR10, FAV13].

Das ADP Verfahren wird zur Verarbeitung von Prepregs für Luftfahrtprofile genutzt. Unidirektional (UD) sowie multiaxialverstärkte Prepreghalbzeuge werden in verschiedenen

Preformingstationen durch Drapierwerkzeuge vorgeformt und kombiniert, anschließend in eine alternierend arbeitende Intervalpresse gezogen und dort zu geraden CFK-Profilen konsolidiert. Während des Konsolidierungsvorgangs stoppt der Materialfluss je nach verwendetem Harzsystem für bis zu mehrere Stunden. Sobald das Prepregprofil einen ausreichenden Aushärtegrad und eine ausreichende Formstabilität erreicht hat, öffnet die Intervalpresse und das Material wird weiterbewegt. In einem darauf folgenden Nachhärteofen wird der maximale Aushärtegrad erzielt [BRO03].

Das CCM ist eine zum ADP-Verfahren analoge Fertigungstechnologie auf Basis thermoplastischer Hybridhalbzeuge. D.h. mit thermoplastischen Matrixwerkstoff vorimprägnierte Halbzeuge werden z.T. vorgeheizt und mitunter vorgeformt in eine Intervallheißpresse geführt. Dort findet zunächst ein vollständiges Aufschmelzen des Thermoplasts statt, was eine Ausbildung der gewünschten Profilgeometrie ermöglicht. Im letzten Teil der Presse wird durch eine Kühlzone die Konsolidierung eingeleitet. Nach dem Erstarren der Matrix öffnet die Presse und das Material bzw. Profil wird um einen festen Intervallschritt im Presswerkzeug weitertransportiert [PUR11b].

Analog zum ADP-Verfahren ergibt sich die Dauer des Pressvorgangs und damit der Maschinenstillstand auch bei dieser Fertigungstechnologie aus der Erstarrungsdauer des Matrixwerkstoffs.

Eine kontinuierliche Fertigung von Faserverbundprofilen ist mit dem Pultrusionsverfahren möglich, das sich als besonders kosteneffizientes Verfahren erwiesen hat [STA00]. Die Fertigung von zylindrischen und rechtwinkligen Hohlstrukturen sowie verschiedenen offenen Profilen auf Basis insbesondere UD-verstärkter Materialien ist Stand der Technik und wurde z. B. am ITV, IKV, IVW und FIBRE in diversen Projekten realisiert [IKA13, LIN05, WIE06, BÄU12a, BÄU12b, HER11].

Mit dem hybriden Pultrusions-RTM-Verfahren als Kombination des Pultrusions- und des RTM-Verfahrens können darüber hinaus komplex verstärkte offene Profile in hoher Qualität kontinuierlich hergestellt werden. Es lässt sich eine hochautomatisierte, kostengünstige, kontinuierlich arbeitende Fertigung erreichen, die einen hohen Faservolumengehalt, eine gute Oberflächenqualität und endkonturnahe Bauteile ermöglicht. Dieses Verfahren zeigt großes Potential, die Einschränkungen des klassischen Pultrusionsverfahrens zu überwinden und eine größere Geometrievielfalt bei einer hohen Bauteilqualität zu ermöglichen. Die Injektion des Harzsystems erfolgt kontinuierlich während des Prozesses in ein formgebendes Werkzeug. Mit einem mitfahrenden und sich alternierend öffnenden und schließenden Pressenwerkzeug wird im folgenden Prozessschritt eine Bauteilkonsolidierung realisiert. Abbildung 3 verdeutlicht die einzelnen Elemente der Pultrusions-RTM-Prozesskette. Diese Trennung von Imprägnierung und Aushärtung minimiert die Reibung im Injektionswerkzeug. Es ergeben sich stark reduzierte Abzugskräfte und eine im Vergleich zur Pultrusion höhere

Bauteilqualität wird erzielt. Bisherige Prozessvarianten zum Pultrusions-RTM-Verfahren lassen lediglich die Herstellung von offenen geraden Profilen mit geringer Schlagzähigkeit mit Doppel-T und Omega-Geometrie zu (siehe Abbildung 4).

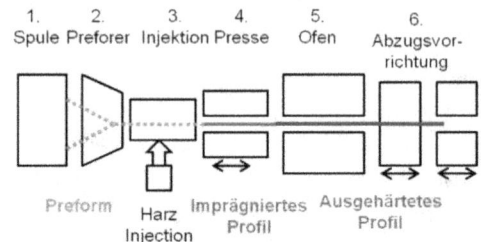

Abbildung 3: Prozessablauf Pultrusions-RTM

Abbildung 4: Hergestellte Pultrusions-RTM-Musterprofile [BÄU12b]

Eine weiterentwickelte PRTM-Technologie zeigt besonders durch die Nutzung einer getaktet arbeitenden RTM-Presse zur Konsolidierung eines kontinuierlich bewegten imprägnierten Lagenpakets, hohes Potential zur Herstellung von biegesteifen und schlagzähen Hochleistungsprofilen auf Basis von z.B. Glas- oder Kohlenstofffasern.

Schlagzähe Profile können auf Grund bestehender Einschränkungen der Harzsysteme hinsichtlich einer hohen Viskosität und damit schlechter Infiltration des Textils [NAF06] nicht hergestellt werden. Es ist dazu eine Neuentwicklung schlagzähmodifizierter Harze erforderlich bzw. eine technologische Weiterentwicklung, die die kontinuierliche Verarbeitung schlagzähmodifizierter hochviskoser Harzsysteme wie z.B. Harzfilme ermöglicht. Es müssen dazu neuartige Werkzeuge zur Harzapplikation auf trockene vorgeformte textile Halbzeuge sowie Prozesse zur Konsolidierung der Preform mit integriertem Harzfilm entwickelt werden.

Auf Grund hoher Kosten von Prepregbauteilen bzw. einem begrenzten Spektrum der mechanischen Eigenschaften von Bauteilen, die in Nassverfahren hergestellt werden, setzt die Automobilindustrie weiterhin in großem Maße auf metallische Strukturen.

Eine kontinuierlich und automatisierte Verarbeitung eines unausgehärteten Harzfilms ist bisher nicht erprobt und bietet eine großes Potential für zukünftige kosteneffiziente Prozesse zur Herstellung von z.B. schlagzähen und biegesteifen Türprofilen im Fahrzeugbau. Daher gilt es kosteneffiziente und KMU-gerechte Technologien zur kontinuierlichen Herstellung solcher funktionell verbesserter Bauteile zu entwickeln. Entsprechende technologische Weiterentwicklungen und einer Kombination des kontinuierlichen Pultrusions-RTM-Verfahren mit Vorteilen einer Harzfilmverarbeitung können eine Steigerung der Wettbewerbsfähigkeit der KMU im Bereich der Textilindustrie, des Anlagenbaus, bei Verbundherstellern sowie Fahrzeug- oder Fahrzeugkomponentenherstellern bewirken.

Zur weiteren Senkung der Fertigungskosten sowie zur Verarbeitung funktionell angepasster Harzsysteme in Nassverfahren trotz hoher Viskosität, wird eine kontinuierliche arbeitende Prozesskette benötigt. Zum Auftrag eines unausgehärteten Harzfilms, der mit funktionellen Inhaltsstoffen ausgestattet ist, ist eine kontinuierlicher Drapier-/ Preformingprozess für eine Harzfilm-Textil Lagenpaket zu erarbeiten und zu untersuchen. Für Hochleistungsbauteile gilt es weiterhin den Einfluss einer getakteten, jedoch kontinuierlich arbeitenden Konsolidierung auf ein textiles Lagenpaket mit integriertem Harzfilm zu untersuchen und neben geeigneten Werkzeugen, halbzeuggerechte Prozessparameter zu generieren.

Mit dieser Basis und einem tiefgreifenderen Prozessverständnis ist es möglich, solche innovativen und kosteneffizienten Technologien im KMU Umfeld zum Einsatz zu bringen. Es ist angestrebt dadurch das Leichtbaupotential von FVW weiter auszunutzen, ressourcenschonende Prozesse und Bauteile zu ermöglichen sowie KMU zu stärken.

Das zur Umsetzung erforderliche Know-How beinhaltet Fachwissen aus den Bereichen Textil-, Verbund-, Fahrzeugindustrie und dem Anlagenbau. Diese durch KMU geprägten Industriebranchen können entsprechende Anforderungen nur mit extrem hohem Aufwand und großem Risiko realisieren.

3. Forschungsziel / Ergebnisse
3.1. Forschungsziel

Ziel des Forschungsvorhabens war die Entwicklung und Validierung einer kontinuierlichen Prozesskette zur Verarbeitung von multiaxial verstärkten textilen Halbzeugen in Kombination mit Harzfilmen auf Basis der Pultrusions-RTM Technologie.

Mit dieser Fertigungstechnologie ist es zukünftig möglich durch die Nutzung eines Harzfilms und einer flächigen Imprägnierung des Textils mit kurzem Fließweg in Dickenrichtung, Harze mit funktionellen Inhaltstoffen zu verarbeiten. Es lassen sich somit z.B. schlagzähmodifizierte Profile kontinuierlich herstellen, die als Pkw-Türversteifungsprofil genutzt werden können.

Es wurde ein kontinuierliches Verfahren entwickelt, das eine Zufuhr und Applikation eines unausgehärteten Harzfilms, ein Preforming von Harzfilm und textilem Halbzeug sowie eine Konsolidierung und Aushärtung des FKV-Profil gewährleistet. Die Versteifungsprofile basierten auf trockenen multiaxial verstärkten Halbzeugen wie Gelegen, Geflechten und Geweben. Diese wurden mit einem unausgehärteten Harzfilm ausgestattet, der funktionelle Inhaltstoffe zur Erhöhung der Schlagzähigkeit oder der elektrischen Leitfähigkeit des Verbundes enthielt. Es sollten mit der entwickelten kontinuierlich arbeitenden Prozesskette integrale schlagzähe Versteifungsprofile hergestellt und damit auf zusätzliche Vorkonfektionierungs- und Montageschritte verzichtet werden.

Auf Basis der PRTM-Technologie wurden Lösungen zur drapiergerechten Harzfilmapplikation sowie ein automatisierter Konsolidierungsprozess entwickelt und umgesetzt. Durch eine flächige Harzfilmverteilung waren besonders kurze Fließwege in Bauteildickenrichtung und damit eine Verarbeitung von hochviskosen Harzen mit funktionellen Inhaltstoffen möglich. Dadurch ließen sich Versteifungsprofile mit belastungsgerechten Eigenschaften unter Berücksichtigung einer besonders hohen Fertigungsqualität herstellen. Lufteinschlüsse konnten im Vergleich zu z.B. Injektions- und Infusionsverfahren durch einen besonders kurzen Fließwerg vermieden und damit ein konstant hoher Faservolumengehalt erreicht werden.

Schlagzähe und kontinuierliche gefertigte Harzfilm FKV-Profile realisieren damit mittelfristig eine kostengünstige Lösung für industrielle Anwendungen mit einem hohem Leichtbaueffekt.

Ein auf die Referenzgeometrie (Pkw-Türversteifungsprofil) angepasster Harzfilmapplikations- und Aushärtungsprozess mit entsprechenden neuartigen und kontinuierlich arbeitenden Werkzeugsystemen wurde durch die Forschungsstelle entwickelt und umgesetzt.

Die Werkzeuge wurden in einer bestehenden Pultrusionsanlagen zusammengeführt und erprobt. Zur Realisierung einer hohen Fertigungsqualität wurden umfangreiche Untersuchungen zu geeigneten Prozessparametern bezüglich Harzfilmapplikation, Preforming und Konsolidierung durchgeführt. Es wurde ein Einfluss der Harzfilmaufbringung auf die Drapierbarkeit der Preform sowie auf den Konsolidierungsprozess analysiert, um ein tiefgreifendes Verständnis auf die erreichbare Fertigungsqualität zu bekommen.

Forschungsziel

Die erfolgreiche Entwicklung der automatisiert und kontinuierlich arbeitenden Prozesskette wurde an faserverstärkten Versteifungsprofilen für eine industrielle Pkw-Türversteifung demonstriert. Mit Hilfe von mechanischen Untersuchungen wurden Demonstratoren charakterisiert und damit das Potenzial des innovativen kontinuierlichen Herstellungsprozesses im Hinblick auf eine Anwendung als Pkw-Türversteifung unter Einbeziehung des projektbegleitenden Ausschusses analysiert. Dies fördert den Einsatz technischer Textilien als Grundlage ressourcenschonender, lastgerechter zukünftiger Hochleistungsstrukturen, die über eine hohe Biegesteifigkeit und Schlagzähigkeit verfügen.

Diese Entwicklungen bieten einen erheblichen Beitrag zur Festigung und einem Ausbau der Wettbewerbsfähigkeit der KMU-dominierten Textil-, Verbundhersteller- und Automobilindustrie sowie von Maschinen- und Anlagenbauern.

Angestrebte Forschungsergebnisse

Im Rahmen dieses Forschungsprojektes wurden die folgenden **wissenschaftlich-technischen Ergebnisse** angestrebt:

- Kontinuierliche Fertigungstechnologie zur Herstellung von FKV-Profilen auf Basis komplexer textiler Halbzeuge und Harzfilme mittels Pultrusions-RTM-Technologie,
- Kontinuierliche Herstellung von kosteneffizienten, schlagzähen und biegesteifen FV-Profilen, die als massesparende Alternative zu metallischen Strukturen, z.B. als Pkw-Türversteifungsprofil verwendet werden können,
- Umsetzung der Prozessschritte Harzfilmapplikation, Preforming und Konsolidierung entsprechend einer kontinuierlich arbeitenden Prozesskette,
- Bestimmung eines prozesstauglichen Harzfilms, Gewinnung von prozessrelevanten Charakteristika wie Verformungs-, Klebe-, Fließ- und Aushärteverhalten des Harzfilms,
- Entwicklung und Umsetzung geeigneter Werkzeuge zum kontinuierlichen Drapieren/ Preformen der mit einem Harzfilm ausgestatteten textilen Halbzeuge,
- Erkenntnisse zum Drapierverhalten multiaxial verstärkter Textilien in Abhängigkeit von der Aufbringung/ Positionierung eines Harzfilms (z.B. flächig oder als Harzfilmstreifen zur Verbesserung des Drapierverhaltens durch harzfreie Zonen in Umformbereichen),
- Entwicklung und Umsetzung geeigneter Werkzeuge zur kontinuierlichen Konsolidierung der mit Harzfilm ausgestatteten textilen Halbzeuge,
- Erkenntnisse zum Konsolidierungsverhalten der mit Harzfilm vorkonfektionierten Textilien zu einem FKV-Profil in Abhängigkeit von der Aufbringung/ Positionierung des Harzfilms (z.B. flächig oder als Harzfilmstreifen),
- Gewinnung von Prozessparameter zur Gewährleistung einer reproduzierbaren und hohen Fertigungsqualität der kontinuierlich mit Harzfilm hergestellten Profile,

Forschungsziel

- Erkenntnisse zur erreichbaren Fertigungsqualität sowie einer Steigerung mechanischer Eigenschaften durch den Einsatz eines funktionell modifizierten Harzfilms,
- Zusammenfassung der Projektergebnisse als Grundlage für KMU zur Weiterentwicklung der Technologie zur Überführung in die industrielle Praxis.

Es wurden die folgenden **wirtschaftlichen Ergebnisse** erwartet:

- Kosteneffiziente kontinuierliche Fertigung von Versteifungsprofilen mit hohen mechanischen Eigenschaften wie Schlagzähigkeit sowie Biegesteifigkeit und -festigkeit,
- wirtschaftliche Verarbeitung multiaxial verstärkter textiler Halbzeuge und eines Harzfilms bei reduziertem Aufwand zur Vorkonfektionierung und verbesserter Harzimprägnierung,
- Integration von funktionellen Inhaltstoffen z.B. zur Verbesserung der Schlagzähigkeit oder elektrischen Leitfähigkeit ohne Beeinträchtigung bei der Imprägnierung (kurze Fließwege durch Imprägnierung in Dickenrichtung),
- Erweiterung des Einsatzbereichs von kontinuierlich hergestellten FKV-Profilen auf multiaxial verstärkte stoßbeanspruchter Strukturen sowie komplexe Geometrien mit schwerer Infiltrierbarkeit,
- Wegfall von zusätzlichen Prozessschritten zur Faserverbundfertigung und Integration in eine ganzheitliche kontinuierliche Prozesskette,
- Wirtschaftlich realisierbare Umsetzbarkeit/ Investitionsaufwand einer neuartigen PRTM Prozesskette besonders durch KMU in Textil-, Automobilindustrie sowie weiteren Industriezweigen,
- Vernetzung von Herstellern technischer Textilien mit Anwendern als Basis einer gemeinsamen Weiterentwicklung,
- Nachweis der wirtschaftlichen Relevanz für eine zukünftige automatisierte und kontinuierliche FKV-Profilfertigung besonders in KMU,
- Festigung und Ausbau der Marktanteile von Herstellern im Bereich technische Textilien, Anlagenbau, Verbundfertigung und Automobilbau (KMU) durch eine innovative Technologie zur kontinuierlich arbeitenden Fertigung von Profilen mit besonders hohen mechanischen Eigenschaften

3.2. Forschungsergebnisse

Der nachfolgende Abschnitt befasst sich mit denen im Rahmen des Forschungsprojektes generierten Forschungsergebnissen. Die Darlegung erfolgt entsprechend der chronologischen Bearbeitungsschritte aufgeteilt in Arbeitspakete. Begonnen wurde mit der Definition der Referenzgeometrie, welche als Crashstruktur besondere Anforderungen an die einzusetzenden Materialien stellte. Nach der Auslegung des Versteifungsprofils wurde in einem nächsten Schritt die kontinuierliche Materialzusammenführung und Vorformung eines Lagenpakets aus textilem Halbzeug und hochviskosem Harzfilm analysiert, um ein Preformingkonzept für die kontinuierliche Prozesskette zu entwickeln.

An das Preforming schloss sich die kontinuierliche Konsolidierung des textilen Halbzeugs in Kombination mit einem Harzfilm. Basierend auf den Erkenntnissen aus Vorversuchen wurde ein Presswerkzeug zur Imprägnierung des Textils und gleichzeitigen Konsolidierung für den Einsatz in einer kontinuierlichen Prozesskette entwickelt und gefertigt.

Mit der Entwicklung der Preforming-Einheit sowie des Presswerkzeugs konnte die kontinuierliche Prozesskette vollständig abgebildet werden. Zur Beurteilung der Fertigungsqualität der kontinuierlichen Profile wurden Schliffbilder und µ-CT-Aufnahmen bewertet und der Faservolumengehalt geprüft. Zusätzlich wurde die mechanische Leistungsfähigkeit des Pultrudats mit Hilfe eines Druckprüfstands ermittelt.

3.2.1. Definition der Referenzstruktur und Materialien

Festlegung einer Referenzbauteilgeometrie

Ein Pkw-Türversteifungsprofil wurde als schlag- bzw. crashbeanspruchte Referenzstruktur zusammen mit dem projektbegleitenden Ausschuss spezifiziert. Die geometrischen Details erfolgten anhand der konventionellen Geometrie eines Pkw-Seitenaufprallträgers des Herstellers Honda (Abbildung 5). Dies soll neben einer industriellen Relevanz der Struktur insbesondere eine Vergleichbarkeit der Prozesskette und der Performance der untersuchten Demonstratoren zu der metallischen Vergleichsstruktur ermöglichen.

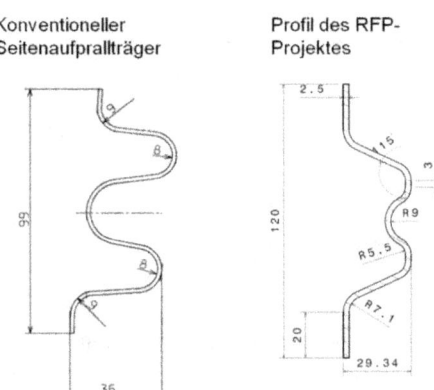

Abbildung 5: Querschnitt der Original-Geometrie eines Pkw-Seitenaufprallträgers (links) und der daraus abgeleiteten Referenzbauteilgeometrie (rechts)

Die Original-Geometrie ist charakterisiert durch ein Doppelhutprofil, welches etwa 1 m lang ist und im Verlauf keine kontinuierliche Geometrie aufweist. Der in Abbildung 5 dargestellte Querschnitt des konventionellen Pkw-Seitenaufprallträgers läuft im Fügebereich mit der Pkw-Tür zusammen (Abbildung 6). Der Original-Träger besteht aus kaltumgeformtem Stahl mit einer Dicke von 1,6 mm und wiegt rund 2 kg.

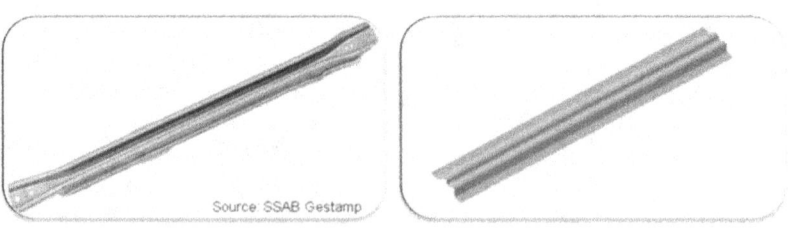

Abbildung 6: Darstellung der Original-Geometrie (links) und der Referenzbauteilgeometrie (rechts)

Die Referenzbauteilgeometrie wurde aus der Original-Geometrie abgeleitet. Das kontinuierliche Profil wird durch eine Hut-Geometrie beschrieben, welche mittig eine Sicke aufweist. Eine Literaturrecherche bezüglich der Bauteildicke einer Composite-Crashstruktur im Automobilbau ergibt eine durchschnittliche Bauteildicke von 3,16 mm [NHT10, TAV12, BAS98]. Weiterführende Berechnungen hinsichtlich der maximalen Zuglast eines konventionellen Seitenaufprallträgers aus Stahl von rund 35 t bezogen auf eine Querschnittsfläche von 288 mm^2 ergaben für die Auslegung des Seitenaufprallträgers aus Kohlenstofffaserverstärktem Kunststoff mindestens zwei Lagen textiles Halbzeug mit einem Gesamtflächengewicht von rund 1500 g/m^2, um eine vergleichbare Zuglast zu erreichen. Mit zwei Lagen eines 750 g/m^2 schweren Gewebes aus HT-Carbonfasern kann eine Zuglast von 48 t erzielt werden. Um eine verringerte Zugfestigkeit durch die Ondulation im Gewebe zu kompensieren, werden für die Referenzgeometrie mindestens drei Textillagen verwendet, woraus eine Laminatdicke von 2,4 mm bei einem Faservolumengehalt von 50 % hervorgeht.

Die Sicke führt dabei zu zusätzlicher Festigkeit, wodurch das Biegevermögen verringert und gleichzeitig die elastische Verformung (Spring-Back Effekt) verbessert wird. Um für die Konsolidierung die Komplexität des Presswerkzeuges gering zu halten, wird zum Einen die Sicke nur bis zu einem Drittel der Bauteilhöhe und zum Anderen ein Winkel von 115 ° zwischen Schenkel und Steg eingebracht. Durch beide Maßnahmen kann ausreichend Druck im Pressvorgang auf die Schenkel und die Sicke aufgebracht werden, sodass die Verwendung eines zweiteiligen Presswerkzeugs ausreichend ist.

Spezifikation und Materialauswahl

Die Anforderungen an einen Pkw-Seitenaufprallträger sind neben dem Insassenschutz durch eine hohe Energieabsorption bzw. Lastaufnahme im Crashfall die Gewichtsreduzierung. So ist die Automobilindustrie bereit, bei einer Gewichtseinsparung von 1 kg, Mehrkosten von bis zu 5 € aufzunehmen [VOI09]. Daraus abgeleitete Anforderungen an das textile Halbzeug können wie folgt zusammengefasst werden:

- Kohlenstofffaser für den maximalen Leichtbau
- Gewebe mit hohem Flächengewicht
- Drapier- und Imprägnierbarkeit

Auf die Energieabsorption hat, neben der Bauteilgeometrie, die Verwendung eines Gewebes mit einem Flächengewicht von 700 - 750 g/m^2 Einfluss. Aufgrund der stark ausgeprägten Ondulation eines Gewebes mit hohem Flächengewicht, kann die Energieabsorption auch auf Seiten des Materials verbessert werden [SCH12]. Die Forschungsvereinigung Automobiltechnik e.V. [FoA12] weist zusätzlich darauf hin, dass aufgrund der mehrdimensionalen Beanspruchung des Seitenaufprallträgers 0/90°-Gewebe verwendet werden sollte. Ein Pkw-Seitenaufprallträger wird üblicherweise in Profillängsrichtung bei einem Frontalcrash sowie bei einem Seitenaufprall quer zur Profillängsrichtung auf Druck beansprucht. Eine 0/90°-Orientierung des Gewebes ermöglicht einerseits einen gleichmäßigen Abzug des Gewebebandes im Pultrusionsprozess ohne Faserverschiebungen und andererseits die Kraftaufnahme bei beiden vorgestellten Lastfällen.

Auch das Harzsystem trägt seinen Anteil dazu bei, indem ein duroplastischer Harzfilm, welcher mit thermoplastischen Partikeln versetzt ist, in diesem Forschungsprojekt zur Verbesserung der Schlagzähigkeit eingesetzt wird. Neben der erhöhten Schlagzähigkeit soll der Harzfilm bei Raumtemperatur verarbeitbar sein und im Imprägnierungsprozess eine niedrige Viskosität aufweisen. Um eine hohe Abzugsgeschwindigkeit im Pultrusionsprozess zu ermöglichen, ist eine schnelle Aushärtung von wenigen Minuten zielführend.

Für den kontinuierlichen Prozess wurden folgende Materialien ausgewählt:

- Textiles Halbzeug der Firma J.H. vom Baur Sohn GmbH & Co. KG: Es wurde ein Leinwandgewebe gewählt, um eine ausgeprägte Ondulation hervorzurufen. Kette und Schuss sind etwa gleichstark, um bei einem Frontal- und Seitenaufprall eine gleichmäßige Energieabsorption zu ermöglichen. Es wurden HT-Kohlenstofffasern verwendet.

Tabelle 1: Materialdaten des textilen Halbzeugs der Fa. J.H. vom Baur & Sohn GmbH & Co. KG

Name	Bindung	Kette	Schuss	Flächengewicht	Dicke
17082	Leinwand	5,6 Fd/cm 800 tex 12K	3,1 Fd/cm 400 tex 6K 2fach	750 g/m²	1,25 mm

- Harzfilm der Firma c-m-p GmbH: Der Harzfilm weist ein Flächengewicht von 200 g/m² auf und erlaubt, aufgrund der möglichen Aushärtetemperaturen und den damit beeinflussbaren Aushärtezeiten, die Einstellung unterschiedlicher Abzugsgeschwindigkeiten im kontinuierlichen Prozess.

Tabelle 2: Materialdaten des Harzfilms der Fa. c-m-p GmbH

Name	Aushärtetemperatur	Aushärtezeit [min]	Druck [bar]	Min. Viskosität	TG
CP006	80-150 °C	500 – 8	0,8-5	1050 mPas	150 °C

Das ausgewählte Gewebebande wird in Kombination mit einem Harzfilm unter Druck und Temperatur zu einem ausgehärteten Bauteil verarbeitet.

Thermische Werkstoff- und Prozessauslegung

Für eine vollständige Imprägnierung sind Kenntnisse über die Viskosität und Aushärtezeit des Harzsystems in Abhängigkeit der Temperatur notwendig. Der Harzfilm wurde dazu einer dynamischen Differenzkalorimetrie (engl. Differential Scanning Calorimetry, kurz: DSC) unterzogen. Unter einer Aufheizgeschwindigkeit von 10 K/min startet die Aushärtereaktion signifikant bei rund 100 °C (Abbildung 7). Da im Datenblatt des Harzsystems eine maximale Aushärtetemperatur von 150°C angegeben ist, werden weitere Untersuchungen des Harzfilms in einem Temperaturbereich von 100 °C bis 160 °C durchgeführt. Die thermische Auslegung der Werkstoffe insbesondere des Harzfilms erfolgte im Hinblick auf Abzugsgeschwindigkeiten ab 10 cm/min. Für den kontinuierlichen Prozess ist die exothermische Aushärtereaktion zu vernachlässigen, da durch die Konsolidierung im Presswerkzeug keine Reibungskräfte durch verfrühtes Aushärten entstehen.

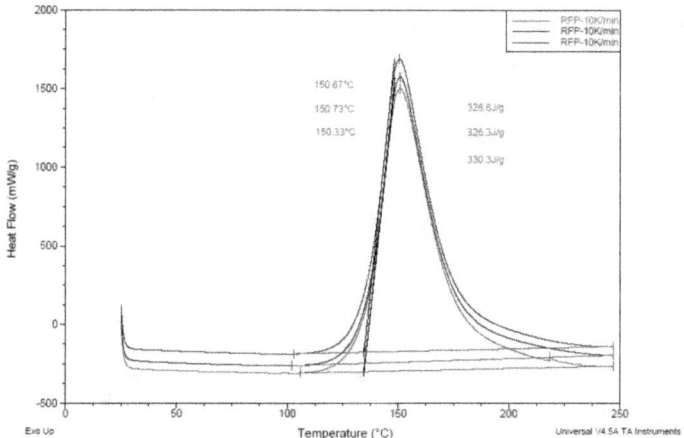

Abbildung 7: Reaktionsbereich des Harzsystems. Reaktionsstart bei rund 100 °C

Mittels DSC wurde dazu die Aushärtezeit in Abhängigkeit eines isothermen Temperaturfeldes von 100 °C bis 160 °C ermittelt. Mit Hilfe einer rheologischen Untersuchung des Harzfilms konnte ferner der Gelpunkt bei entsprechender Temperatur zwischen 100 °C bis 160 °C bestimmt werden. Im kontinuierlichen Prozess muss der Gelpunkt noch vor dem Verlassen des Presswerkzeugs erreicht sein, um eine Formstabilität zu gewährleisten. Die Aushärtung der Matrix muss im Nachhärteofen erfolgen. Die Ergebnisse sind in Abbildung 8 zusammengefasst.

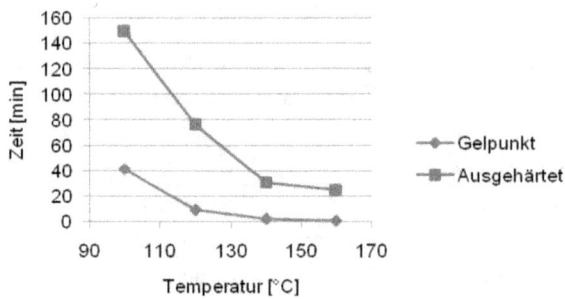

Abbildung 8: Darstellung des Gelpunktes und der Aushärtezeit in Abhängigkeit der Temperatur.

Aufgrund des breiten Temperaturfensters für die Aushärtung des Harzsystems sind die Abzugsgeschwindigkeiten entsprechend der Aushärtezeiten einstellbar. Bezogen auf eine Werkzeuglänge von 1000 mm können so - abhängig von der eingebrachten Temperatur - Abzugsgeschwindigkeiten größer als 400 mm/min erreicht werden (Abbildung 9). Als geschwindigkeitsbestimmende Komponente der Prozesskette ist, wie oben beschrieben, das Erreichen des Gelpunkts während der Konsolidierung im Presswerkzeug. Ein Verlassen des Presswerkzeugs vor Erreichen des Gelpunkts hat eine Verformung des Profils zur Folge.

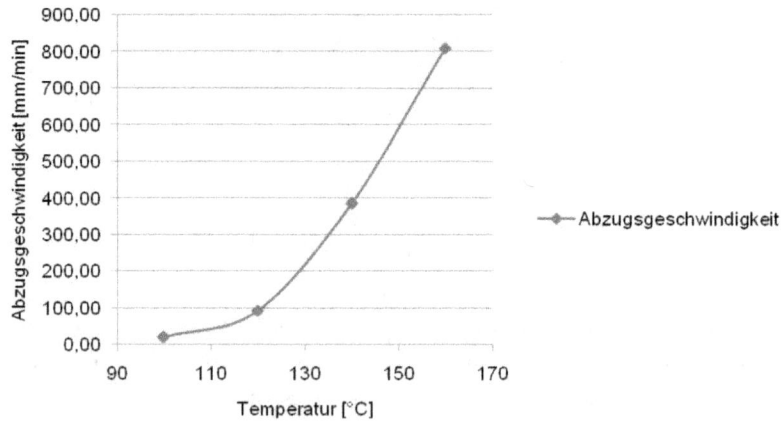

Abbildung 9: Ableitung der Abzugsgeschwindigkeit in Abhängigkeit von der Aushärtetemperatur

3.2.2. Entwicklung eines kontinuierlichen Preformingprozesses

Ziel war die kontinuierliche Applikation eines Harzfilms auf ein ebenfalls kontinuierlich bewegtes textiles Halbzeug zu ermöglichen. Da unausgehärtete Harzfilme bei Raumtemperatur meist hochdehnbare polymere Halbzeuge darstellen, galt es deren Verarbeitbarkeit zur untersuchen.

Drapier- und Klebrigkeitsuntersuchungen

Der kontinuierliche Prozess erforderte Prozesstemperaturen, die ein gleichmäßiges Anheften des Harzfilms an dem Textil während des Preforming erlaubten. Auf Grund der adhäsiven Eigenschaften von Harzfilmen konnte dies durch eine geringe Anpresskraft geschehen. Gleichzeitig war ein nur geringes Anheften des Films am Textil gewünscht, um beim späteren Umformen des Lagenpakets ein Abgleiten der Lagen aneinander zu ermöglichen. Die Ermittlung der Hafteigenschaften des Harzfilmes wurde mit Hilfe des Schlaufentests nach DIN EN 1719 durchgeführt. In Abhängigkeit der Temperatur wurde die Veränderung der Hafteigenschaften und damit der Verarbeitbarkeit analysiert. Dazu wurde der Harzfilm auf eine Trägerfolie aufgebracht und in Form einer Schlaufe mit dem Klebefilm außenseitig (Abbildung 10) mit Hilfe einer Prüfmaschine auf eine Basisplatte mit einer Oberflächenrauigkeit Ra = 12,5 heruntergefahren. Sobald eine Fläche von 25 x 25 mm durch die Schlaufe auf der Basisplatte abgebildet wurde, wurde die Schlaufe wieder hoch gefahren und die Kräfte zur Lösung des Films von der Basisplatte mittels Kraftmessdose mit einem Messbereich von 0 - 50 N aufgenommen. Als Prüftemperatur wurden 10 °C, 23 °C, 31°C und 39 °C ausgewählt. Die Prüftemperaturen wurden so gewählt, dass die Vernetzungsreaktion nicht ausgelöst wird, aber gleichzeitig eine signifikante Änderung der Viskosität zugelassen wird. Das Prüfverfahren wurde in der institutseigenen Zwick Roell (AllroundLine) mit einer integrierten Klimakammer durchgeführt. Je Prüfbedingung wurden fünf Prüflinge vorbereitet, konditioniert und getestet.

Abbildung 10: Schlaufentest nach DIN EN 1719: Schlaufe ist eingespannt (links), wird auf Basisplatte gefahren (mitte) und von der Basisplatte gelöst (rechts)

Die aufgenommenen Prüfergebnisse in Form von Zugkräften sind in Tabelle 3 temperaturspezifisch erfasst. Beginnend mit einer Prüftemperatur von 10 °C, welche durch Stickstoffkühlung erzeugt wurde, konnten keine Haftwirkungen des Harzfilms aufgenommen werden. Bei dieser Verarbeitungstemperatur im kontinuierlichen Prozess würden Textil und Harzfilm nach Zusammenführung an einander vorbeigleiten können, was die kontinuierliche Verarbeitung als Lagenpaket behindert. Bei dieser Prüftemperatur erwies sich der Harzfilm zusätzlich als bruchempfindlich.

Tabelle 3: Prüfergebnisse des Schlaufentests nach DIN EN 1719 in Abhängigkeit der Temperatur

Temperatur	10 °C	23 °C	31 °C	39 °C
Zugkraft	0 N	17 ± 13 N	26 ± 4 N	11 ± 4 N
Bruchart	Keine Adhäsion	Adhäsion & Mischbruch	Kohäsion	Kohäsion

Die anschließende Prüfung bei Raumtemperatur ergab einen Misch- und Adhäsionsbruch. Der Harzfilm haftete auf der Basisplatte, ließ sich aber wieder vollständig ablösen. Je weiter die Prüftemperatur nun erhöht wurde, desto klebriger wurde der Harzfilm, sodass dieser zunehmend auf der Basisplatte haftete und es zu Kohäsionsbrüchen kam. Der Harzfilm löste sich partiell von der Trägerfolie ab und verblieb auf der Basisplatte. Eine kontinuierliche Verarbeitung ist in diesem Temperaturbereich nicht mehr gegeben, da eine saubere Abtrennung von der Trägerfolie nicht mehr zu realisieren ist. Die optimale Verarbeitungstemperatur des Harzfilms liegt somit bei Raumtemperatur im Bereich von 23 °C.

Um mit dem Textil kontinuierlich gefördert werden zu können, muss der Harzfilm auf dem Textil fixiert werden. Aufgrund der adhäsiven Eigenschaften von Harzfilmen kann dies durch einen aufgebrachten Anpressdruck realisiert werden. In einem weiteren Prüfverfahren wurden deshalb textile Halbzeuge mit einem Harzfilm bei verschiedenen Anpressdrücken versehen und mit Hilfe von Schälversuchen das Anhaften des Harzfilms am Textil untersucht. Die Schälversuche wurden in Anlehnung an den T-Peel Test nach DIN EN ISO 11339 entwickelt. Es wurden dazu zwei Lagen Kohlenstofffasergewebe (Maße: 220 ± 1 mm Länge, 25 ± 1 mm Breite) mit einer Lage Harzfilm verklebt (Abbildung 11). Um verschiedene Anpressdrücke zu erwirken, wurde dieser Lagenaufbau mit unterschiedlich viel Gewicht gleichmäßig belastet. In der institutseigenen Zugprüfmaschine wurden die Proben dann textilseitig eingespannt und auseinander gezogen (Abbildung 12). Die dafür notwendige Kraft wurde über eine Kraftmessdose aufgenommen. Aufgrund der Ergebnisse des Schlaufentests wurden die Prüfkörper 24 ± 4 Stunden auf 23 ± 2 °C und 50 ± 5 % relativer Luftfeuchtigkeit konditioniert.

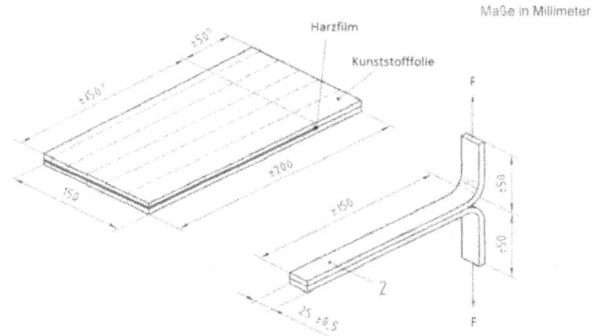

Abbildung 11: Schematische Darstellung der Probenvorbereitung des T-Peel Tests nach DIN EN ISO 11339. Die Position des Harzfilms ist rot dargestellt.

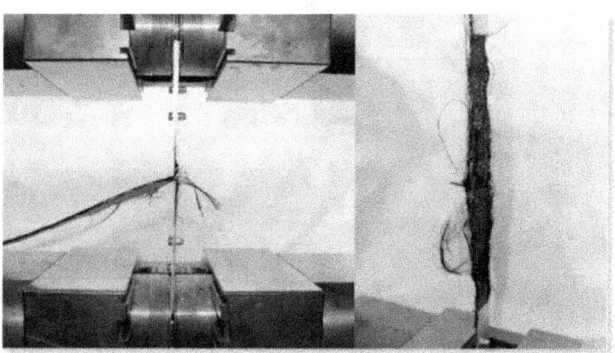

Abbildung 12: T-Peel Test nach DIN EN ISO 11339

Tabelle 4: Ergebnisse des T-Peel Tests bei 23 °C in Abhängigkeit des Anpressgewichts

Anpressgewicht	0 kg	10 kg	17 kg	24 kg
Zugkraft	11,3 ± 0,8 N	13,3 ± 0,7 N	15 ± 1,4 N	14,7 ± 1,4 N

Die Ergebnisse (Tabelle 4) des T-Peel Tests zeigen, dass eine Erhöhung des Anpressdrucks nicht zwangsläufig in einer Verstärkung der Haftklebverbindung resultiert. Die Viskosität des Harzes lässt eine Anpassung der Klebstruktur an die Klebefläche, welche durch das Textil gegeben ist, zu. Dabei entstehen Scherkräfte innerhalb des Klebstoffes. Je höher der Anpressdruck demnach gewählt wird, desto höher werden die Scherkräfte im Harzfilm und der Kleber zeigt ein elastisches Verhalten, sobald der Druck entfernt wird [BRO89]. Für eine Haftung zwischen textilem Halbzeug und einem Harzfilm wird ein maximales Anpressgewicht von 17 kg (0,27 bar/cm^2) benötigt. Dieses Anpressgewicht kann im Preformingprozess mit Hilfe von Rollen erzeugt werden, zwischen denen der Lagenaufbau durchgezogen wird. Ein

Rollenabstand von rund 5 mm für einen Lagenaufbau mit drei Lagen Textil daraus resultierender Harzfilmmenge wäre demnach erforderlich.

In einem weiteren Versuch sollte auf den kontinuierlichen Abzug des Harzfilms von einer Spule eingegangen werden. Durch Zugversuche sollte die Belastbarkeit des unausgehärteten Harzfilms und dessen Trennfolie hinsichtlich einer kontinuierlichen Verarbeitung bestimmt werden. Eine Prüfkörperentnahme (Maße in Abbildung 13) ohne den Harzfilm zu verziehen, war - unabhängig von der gewählten Prüftemperatur - nicht möglich. Der Harzfilm muss demnach mittels Trägerfolie auf dem Textil abgelegt werden. Nachdem der Harzfilm appliziert wurde, kann die Trägerfolie entfernt werden.

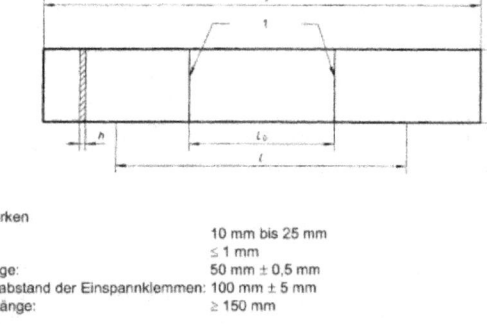

Legende
1   Messmarken
b Breite: 10 mm bis 25 mm
h Dicke: ≤ 1 mm
L_0 Messlänge: 50 mm ± 0,5 mm
L Anfangsabstand der Einspannklemmen: 100 mm ± 5 mm
l_3 Gesamtlänge: ≥ 150 mm

Abbildung 13: Probenvorbereitung für Zugversuch nach DIN EN ISO 527-3

Um Aussagen über die Drapierbarkeit des Lagenpakets, bestehend aus Harzfilm und textilem Halbzeug, treffen zu können, wurde ferner die Biegesteifigkeit des Aufbaus nach DIN 53362 im Cantilever-Verfahren ermittelt. Hierzu wurden Proben mit verschieden positioniertem Harzfilm im Lagenaufbau hinsichtlich ihrer Biegesteifigkeit bei Raumtemperatur untersucht:
- Reine Textilprobe
- Textil beidseitig mit Harzfilm beschichtet
- Textil dreilagig mit Harzfilm auf Außenseiten und zwischen den Textillagen

Der Prüfling wurde auf den Cantilever-Aufbau (Abbildung 14) eben und faltenfrei auf die Auflagefläche (1) aufgelegt. Darüber wurde ein Schieber (2) platziert, welcher mit einer Skala versehen ist, um die Überhanglänge (L) der Probe direkt ablesen zu können. Der Schieber wurde zur exakten Positionierung am Anschlag (3) ausgerichtet. Der Prüfaufbau wird von zwei durchsichtigen Seitenteilen (4) begrenzt. Die Probe (5) wurde nun vorsichtig über die Prüfkante geschoben, bis sie sich durch ihr Eigengewicht bis auf den vorgegebenen Winkel von 41° durchbog. Die Vorschublänge bis zur Biegung wurde gemessen und notiert. Dieser Versuch wurde bei 23 ± 2 °C und einer relativen Luftfeuchtigkeit von 50 % durchgeführt, da eine optimale Verarbeitung des Harzfilms bei Raumtemperatur im Rahmen des Loop-Peel Test nachgewiesen wurde.

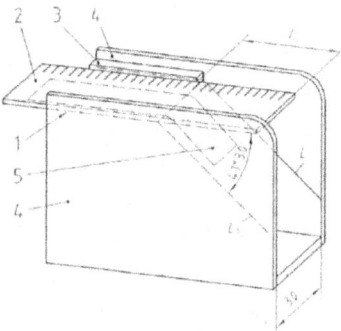

Abbildung 14: Cantilever-Prüfstand zur Bestimmung der Biegesteifigkeit nach DIN 53362

Die Durchführung des Prüfverfahrens zur Ermittlung der Biegesteifigkeit des Lagenpakets hat gezeigt, dass der Prüfkörper unabhängig vom verwendeten Lagenaufbau nach Überschreiten der Prüfkante absinkt. Der Prüfkörper zeichnet sich durch eine hohe Biegeschlaffheit aus. Eine Verschiebung der Gewebefäden konnte nicht beobachtet werden. Für den Preformingprozess kann aus diesen Versuchsergebnissen abgeleitet werden, dass zur Umformung/Vorformung des Lagenpakets keine großen Druckkräfte, welche zu Faserverschiebungen führen können, aufgebracht werden müssen.

Mit dem standardisierten Drapetest Messgerät [TEX16] konnten im Rahmen dieses Forschungsprojektes keine Untersuchungen zum Drapierverhalten des Lagenpakets aus Harzfilm und Textil durchgeführt werden. Dies ist einerseits der Verwendung des Harzfilms und einer dadurch möglichen Verklebung des Messgerätes und andererseits in der Verwendung eines Schmalgewebebandes von 200 mm Breite geschuldet. Eine Einspannung des Textils in den Prüfstand erfordert eine Bandbreite von mindestens 300 mm.

Werkzeugentwicklung zum kontinuierlichen Preforming

Die Untersuchungen zur Harzfilmapplikation auf das textile Halbzeug wurden genutzt, um einen material- und geometrieangepassten Preformingdemonstrator zur kontinuierlichen Materialzusammenführung sowie bauteilnahem Preforming zu entwickeln und umzusetzen. Um endkonturnahe Vorformlinge zu fertigen, werden die Textillagen im ersten Schritt mit dem Harzfilm zu einem Lagenpaket zusammengeführt.

Im Folgenden werden zwei Preformkonzepte vorgestellt, welche direkt auf die Zusammenführung der Halbzeuge aufbauen.

Entwicklung eines kontinuierlichen Preformingprozesses

Preformingkonzept I

Das ebene Lagenpaket wird über Biegewinkel in die Form eines 'V' gebracht (Abbildung 15). Dies soll eine spannungsarme Positionierung des Lagenpakets in der Sicke ermöglichen. Die obere Profilschiene hält dazu den Lagenaufbau entlang der unteren konstanten Profilschiene in der Sicke, sodass ein Absinken des Lagenpakets im Schenkelbereich ohne Herausziehen des Materials aus der Sicke möglich ist. Mit weiteren Biegewinkeln soll das Lagenpaket in die Endkontur, welche durch die untere Profilschiene vorgegeben wird, gebracht werden. Durch dieser Vorform-Einheit wird ein Konzept bereitgestellt, welches durch einen geringen Aufwand umgesetzt werden kann. Nachteilig ist allerdings die Führung über Schienen zu sehen. Einerseits können dadurch Reibungskräfte entstehen und andererseits ist die Fertigung der unteren Profilschiene entsprechend der Demonstratorgeometrie auf Endkontur im Blechbiegeverfahren durch hohen Aufwand gekennzeichnet..

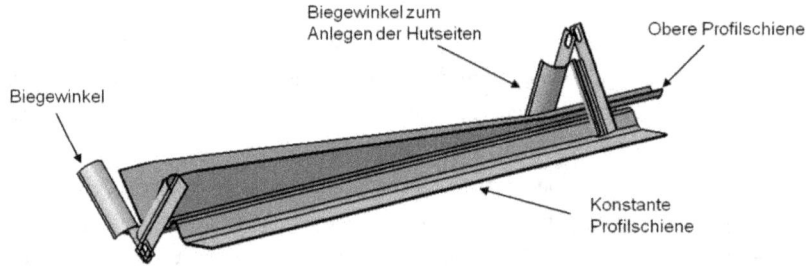

Abbildung 15: Konzept I zum kontinuierlichen Preforming

Preformingkonzept II

Das ebene Lagenpaket wird über eine Rampe im Formwerkzeug kontinuierlich in die dreidimensionale Geometrie überführt (Abbildung 16). Das Formwerkzeug entspricht nach der Rampe 1:1 der Innenkontur der Referenzgeometrie (Vgl. Abbildung 5). Im ersten Schritt wird die Sicke durch Andruckrollen abgeformt, damit Spannungen im Textil in der Profilmitte bei der Vorformung reduziert werden. Das Material im Stegbereich kann dann - ohne zusätzliche Spannungen in der Profilmitte zu erzeugen - auf das Formwerkzeug abgleiten, um anschließend mit einem entsprechenden Rollensystem angedrückt zu werden. Damit der Lagenaufbau nicht vom Formwerkzeug abgleitet, wurde in eine seitliche Begrenzung in das Formwerkzeug eingebracht. Um Faserverschiebungen beim Preforming entgegen zu wirken, können die Rollen in ihrer Höhe und dem aufgebrachten Anpressdruck angepasst werden.

Abbildung 16: Konzept II zum kontinuierlichen Preforming

Dieses Konzept ist durch die vielen Einzelelemente, die entsprechend positioniert werden müssen, aufwändiger zu realisieren. Die Anpressrollen und ihre Befestigung an einem Gerüst aus Aluminium-Profilen besteht aus Standard-Elementen. Lediglich das Formwerkzeug bedarf einer Sonderfertigung. Durch diesen Preformer ist eine hohe Flexibilität gegeben indem die einzelnen Elemente bei Bedarf ergänzt oder versetzt werden können. Der Preformingprozess kommt aufgrund der optimalen Verarbeitbarkeit des Harzfilms bei Raumtemperatur ohne Heizelemente noch Bebinderung aus.

Für das Forschungsprojekt wurde Prefromingkonzept II gewählt. Das Formwerkzeug wurde aus PE1000 hergestellt

Bau eines Preformingdemonstrators

Das Preforming-Werkzeug wurde entsprechend des entwickelten Konzeptes modular gebaut (Abbildung 17) und auf seine Funktionalität geprüft. Aufgrund des leicht umformbaren Lagenpakets aus Harzfilm und textilem Halbzeug wurden Vorformlinge nur im kontinuierlichen Prozess zur direkten Weiterverarbeitung in der Presse angefertigt. Ohne einer Formgebung durch das Preformingwerkzeug verliert der Lagenaufbau die Kontur, sodass eine Lagerung nur als ebenes Lagenpaket ohne weitere Formgebung möglich ist.

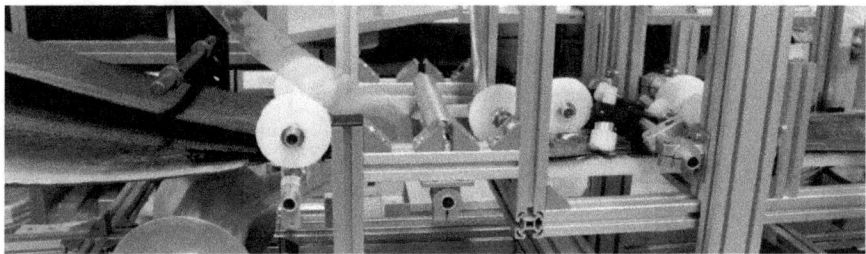

Abbildung 17: Umsetzung des Preforming-Werkzeug in der kontinuierlichen Prozesskette

Prozessanalyse an Demonstratorbauteilen

Da die angestrebte Prozesskette neben einer kontinuierlichen Herstellung von konsolidierten FV-Profilen auch zur Herstellung von textilen Preforms mit bereits integriertem Harzfilm genutzt werden sollte, wird die Lagerfähigkeit der Lagenpakete bei unterschiedlichen Lagerungsbedingungen ermittelt. So soll eine (Vor-) Aushärtung des Harzes sowie eine Feuchteaufnahme mit geringem zeitlichen und materiellen Aufwand ermittelt werden, um Empfehlungen zur Preformlagerung und -weiterverarbeitung zu einem späteren Zeitpunkt zu geben. Die Weiterverarbeitung eines bereits aushärtenden Harzsystems kann, aufgrund einer erhöhten Viskosität, zu einer unvollständigen Imprägnierung des Textils führen. Eine Überwachung der Feuchtigkeitsaufnahme ist begründet in einer verschlechterten Faser-Matrix-Haftung und den damit einhergehenden sinkenden Festigkeitswerten [SCHÜ07].

Die Infrarot-Spektroskopie (IR-Spektroskopie) bietet das Potential anhand einer kurzweiligen Prüfung, Aussagen über den Aushärtegrad und die Feuchteaufnahme des Harzfilms zu treffen, um somit auf die zeitlich aufwendigere DSC-Analyse verzichten zu können. Mittels IR-Spektroskopie wurde dazu die Veränderung des Spektrums des Harzfilms bei einer Lagerung von bis zu 4 Wochen, insbesondere bei Raumtemperatur, untersucht. Zur Validierung der Messergebnisse bezüglich des Aushärtegrades wurden Proben gleicher Konditionierung mittels DSC-Analyse, Hand-IR-Spektrometer an der Forschungsstelle sowie einer IR-spektroskopische Analyse von einem unabhängigen Analytik-Labor durchgeführt. Die Bestimmung der Feuchtigkeitsaufnahme wurde anhand von Masseuntersuchungen validiert.

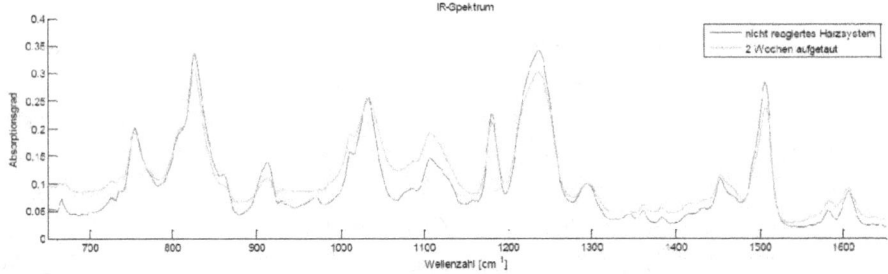

Abbildung 18: Veränderung des IR-Sepktrums bei einer Lagerung bei 50 °C und 20 % rel. Luftfeuchtigkeit

Zu Beginn einer IR-spektroskopischen Untersuchung ist die Ermittlung des Spektrums des Harzfilms im vollständig unausgehärteten Zustand von entscheidender Bedeutung, um eine Aussage über den Aushärtegrad und die Feuchteaufnahme der konditionierten Proben zu treffen. Nachdem die Proben zwischen 20 °C und 50 °C bei relativen Luftfeuchtigkeiten bis 60 % über mehrere Wochen in einer Klimakammer gelagert worden sind, wurden die Spektren der Proben mit Hilfe eines Hand-Spektrometers aufgenommen (Abbildung 19).

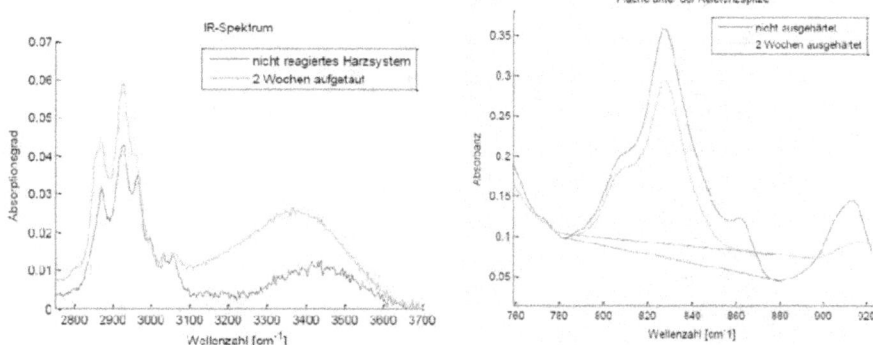

Abbildung 19: Veränderung des IR-Spektrums bei einer Lagerung bei 50 °C und 20 % rel. Luftfeuchtigkeit im Bereich der OH-Bindungen (links) und Auswahl eines Referenzpeaks aus den oben dargestellten IR-Spektren (rechts)

Es kann hier bereits eine deutliche Veränderung im Spektrum der unausgehärteten Probe zu der über zwei Wochen konditionierten Probe festgestellt werden. Bei einer Wellenzahl von rund 915 cm^{-1} liegt das Absorptionsband der Epoxidgruppe, bei welcher der Absorptionsgrad mit steigender Lagerungsdauer sinkt. Zudem weist der Bereich der OH-Verbindungen (Absorptionsbänder im Wellenzahlbereich 3300 bis 3600 cm^{-1}) einen höheren Absorptionsgrad bei der konditionierten Probe auf, was auf eine Feuchtigkeitszunahme deuten kann. Um nun eine qualifizierte Aussage über den Aushärtegrad und die Feuchteaufnahme der konditionierten Probe zu treffen, wird aus den aufgenommenen Spektren ein Referenz-Peak gewählt, welches sich im Vergleich nur geringfügig verändert hat (Abbildung 19). Mit der Ermittlung der Fläche A unter dem Referenz-Peak zum Zeitpunkt t_0 und einem beliebigen t kann unter Zuhilfenahme der Formel 1:

$$\alpha = 1 - \frac{A_{Epoxid}(t) * A_{Referenz}(t_0)}{A_{Epoxid}(t_0) * A_{Referenz}(t)} \qquad (1)$$

der Aushärtegrad der konditionierten Probe zum Zeitpunkt t bestimmt werden. Eine Gegenüberstellung der mittels IR-spektroskopischen Messungen und der Validierung mit Hilfe der DSC-Analyse gewonnenen Ergebnisse in Abhängigkeit der Lagerungstemperatur und Lagerdauer ist in Tabelle 5 dargestellt. Abweichungen können durch die Wahl des Referenzpeaks und die Berechnung der Flächen unter den Peaks entstehen. Insgesamt erweist sich die IR-Spektroskopie zur Bestimmung des Aushärtegrades als geeignetes Alternativverfahren zu einer DSC-Analyse.

Tabelle 5: Gegenüberstellung der Messergebnisse der IR-Spektroskopie und DSC-Analyse bei unterschiedlichen Lagerungsbedingungen

Konditionierung	α [%] (IR-Spektrum)	α [%] (DSC-Analyse)
20 °C, 2 Wochen	0,082	0,086
20 °C, 4 Wochen	0,119	0,134
50 °C, 1 Woche	0,463	0,416
50 °C, 2 Wochen	0,874	0,872
50 °C, 3 Wochen	0,922	0,899
50 °C, 4 Wochen	0,964	0,981

Nach der selben Methode, wie zur Bestimmung des Aushärtegrades mit Hilfe der IR-Spektroskopie, erfolgt die Ermittlung der Feuchtigkeitsaufnahme der konditionierten Probe.

Zur Validierung der aus den IR-spektroskopischen Absorptionsbändern rechnerisch ermittelten Werte wurden die jeweiligen Proben vor und nach der Konditionierung gewogen. Eine Feuchtigkeitsaufnahme durch den Harzfilm ist dann anhand einer Massezunahme feststellbar. In Tabelle 6 werden die Messergebnisse aus der Berechnung auf Basis der IR-Spektroskopie sowie der Gewichtskontrolle dargestellt.

Tabelle 6: Gegenüberstellung der Messergebnisse aus IR-Spektroskopie und Gewichtskontrolle bei unterschiedlichen Lagerungsbedingungen (Lf = Luftfeuchtigkeit)

Konditionierung	Feuchtigkeitsaufnahme [%] (IR-Spektrum)	Feuchtigkeitsaufnahme [%] (Wiegen)
20 °C, 20 % Lf	0,150	0,143
20 °C, 60 % Lf	0,289	0,271
50 °C, 20 % Lf	2,055	2,086
50 °C, 60 % Lf	6,091	5,727

Auch die Bestimmung der Feuchtigkeitszunahme mittels IR-spektroskopischer Untersuchung erlaubt ausreichend genau Aussagen. Eine Feuchtigkeitsaufnahme anhand von Gewichtskontrollen scheint hier die schnellere Lösung zu sein, doch müsste dazu bei jeder Einlagerung eines Preforms ein gewogenes Stück Harzfilm in unmittelbarer Nähe des gelagerten Vorformlings abgelegt werden. Das IR-Spektrum müsste zur Bestimmung des Aushärtegrades als auch der Feuchtigkeitsaufnahme bei Anlieferung ermittelt und mathematische Routinen hinterlegt werden. Die IR-Spektroskopie bietet das Potential einer zeit- und kostensparenden Alternative zur DSC-Analyse zur Ermittlung des Aushärtegrades und der Feuchtigkeitsaufnahme von Harzsystemen.

3.2.3. Entwicklung eines kontinuierlichen Prozesses zur Konsolidierung

Ziel ist die Entwicklung und Umsetzung eines automatisierten und kontinuierlich arbeitenden Konsolidierungs- und Aushärteprozesses sowie eines dafür geeigneten Werkzeugs. Dabei wird der kontinuierlich vorgeformte und mit Harzfilm ausgestattete Lagenaufbau in eine RTM-Presse geführt und ausgehärtet. Es gilt dabei einen homogenen Wärmeeintrag zu gewährleisten, um eine verzugsfreie gleichmäßige Aushärtung des Profils zu ermöglichen.

RFI-Imprägnierungsversuche

Die in Kapitel 3.2.1 ermittelten Daten zur Reaktionskinetik des verwendeten Harzsystems wurden im Rahmen erster statischer Imprägnierungsversuche validiert. Dabei wurde der Pultrusionsprozess hinsichtlich der Press- und Aushärtezeit des Harzfilms sowie der Druckbeaufschlagung nachgestellt (Abbildung 20). Wie in Abbildung 8 und Abbildung 9 bereits dargestellt, richtet sich die Abzugsgeschwindigkeit und damit die Press- und Nachhärtezeit nach der gewählten Prozesstemperatur. Bei einer Prozesstemperatur von 160 °C wird der Gelpunkt, also die Formstabilität, nach 3,5 Minuten und die Aushärtung nach 25 weiteren Minuten in der Nachhärtung ohne Druckbeaufschlagung erreicht. Die Nachhärtung erfolgt ohne Druckbeaufschlagung, da in der Prozesskette das Profil nach dem Pressvorgang in den Nachhärteofen einläuft. Es wird ein Aushärtegrad von ca. 100 % angestrebt.

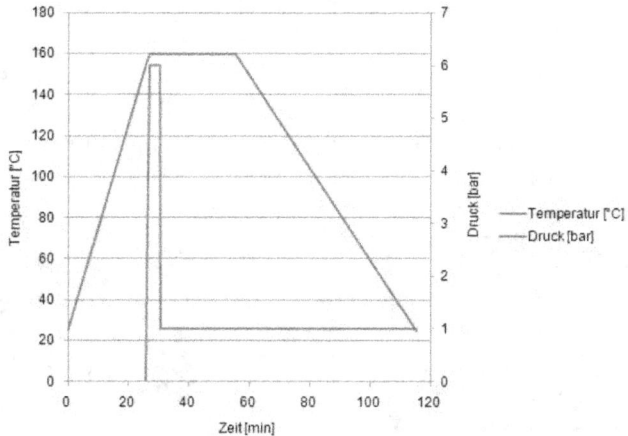

Abbildung 20: Generisches Druck- und Temperaturprofil der statischen Pressversuche

Für diese statischen Pressversuche wurde ein Tauchkantenwerkzeug mit einer DIN A4 großen Kavitätsgrundfläche verwendet und auf 2,4 mm dicke Abstandshalter heruntergefahren, um einen Faservolumengehalt von rund 50 % zu erzielen. Zwei Laminate mit den Maßen 190 x 100 mm konnten so nebeneinander zeitgleich verpresst werden (Abbildung 21).

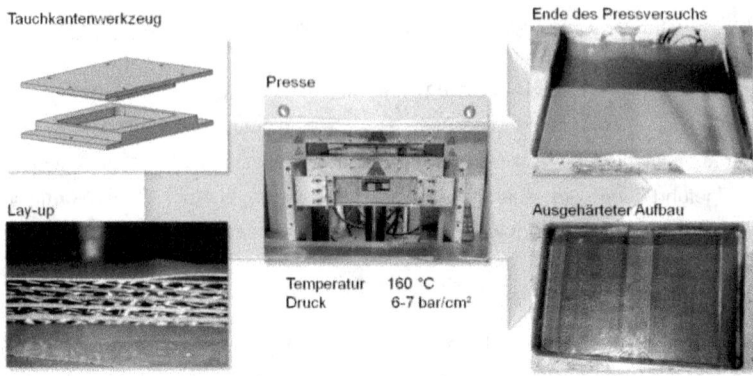

Abbildung 21: Statische Imprägnierungsversuche - Versuchsaufbau

Für den Lagenaufbau - Harzfilm und textiles Halbzeug - wurde zu Beginn der Versuchsreihe ein symmetrischer Aufbau (Abbildung 22), wie Lagenaufbau 1 und 2, mit Harzfilm als Außenlage gewählt, um das schwere Textil vollständig zu imprägnieren und eine geschlossene Laminatoberfläche zu erzeugen.

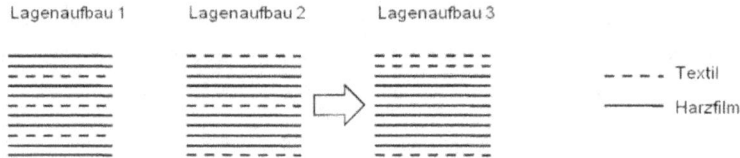

Abbildung 22: Schematische Darstellung der untersuchten Lagenaufbauten mit Lagenaufbau 3 als finalen Lagenaufbau

Nachdem erste Laminate mit Lagenaufbau 1 und 2 gefertigt worden sind, wurden diese hinsichtlich ihrer Fertigungsqualität sowie der Porenverteilung mit Hilfe der mikroskopischen Schliffbildanalyse (Abbildung 23) sowie einer Sichtprüfung untersucht.

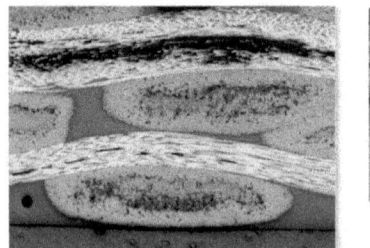 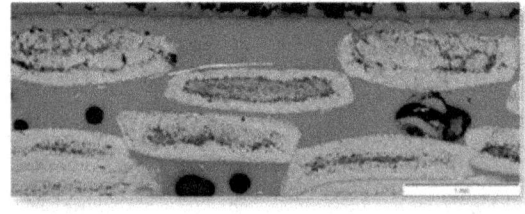

Abbildung 23: Mikroskopische Schliffbildanalyse: Abgebildet sind Lamniatabschnitte mit Lagenaufbau 1 mit Lufteinschlüssen (schwarz), Kohlenstofffasern (hellgrau) und Matrix (dunkelgrau)

Die Schliffbilder zeigen deutlich Lufteinschlüsse zwischen den einzelnen Rovings sowie gröbere Poren in der Matrix. Um die Lufteinschlüsse sowohl in Größe als auch Menge zu reduzieren, wurde zum Einen der Pressdruck erhöht und zum Anderen eine Vorheizzeit ohne Druckbeaufschlagung von 1,5 Minuten eingerichtet, sodass das Harz ausreichend Zeit hat, eine niedrige Viskosität aufgrund des Wärmeeintrags durch das Presswerkzeug anzunehmen. So kann eine Vorimprägnierung stattfinden, wodurch das Harz mehr Zeit für die Imprägnierung im Zwischen-Roving-Bereich hat. Darauf folgt die Imprägnierung unter Druck in der Presse. In Abbildung 24 kann eine Verbesserung der Oberflächenqualität durch eine Druckerhöhung von 5 bar/cm² auf 15 bar/cm² nachgewiesen werden.

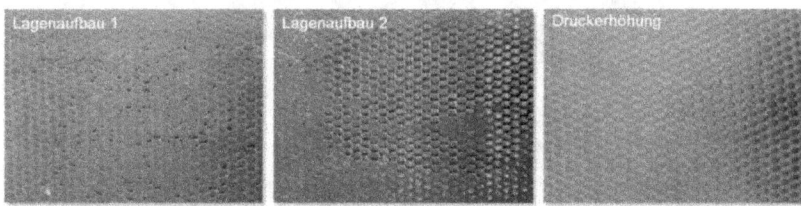

Abbildung 24: Sichtprüfung: Verbesserung der Oberflächenqualität durch Druckerhöhung mit Lagenaufbau 1

Trotz der oben aufgeführten Maßnahmen zur Porenreduktion wurden in den darauf folgenden Versuchen weiterhin Lufteinschlüsse detektiert, sodass eine Weiterentwicklung des Lagenaufbaus notwendig wurde. Wie in Abbildung 22 vorgestellt, wurde Lagenaufbau 3 in weiteren Pressversuchen näher untersucht. Da bei diesem Lagenaufbau die Fließfronten des Harzfilms in Richtung der Laminatoberfläche fließen (Abbildung 25), können Lufteinschlüsse - im Gegensatz zu Lagenaufbau 1 und 2 - an die Laminatoberfläche transportiert werden. Dieser Lagenaufbau ermöglicht, zusätzlich zu einer geschlossenen Laminatoberfläche, ein vereinfachtes Ablegekonzept hinsichtlich des kontinuierlichen Fertigungsprozesses, da der Harzfilm als eine Lage abgelegt werden kann.

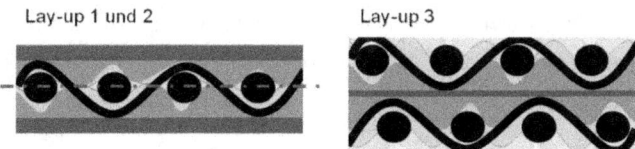

Abbildung 25: Schematische Darstellung des Fließfrontenverlaufs im Querschnitt bezogen auf den Lagenaufbau: Textil (schwarz), Harzfilm als eingefügte Lage (dunkelgrün) und während der Imprägnierung unter Temperatur und Druck (hellgrün), Aufeinandertreffen der Fließfronten (rot)

Zur Untersuchung der Fertigungsqualität wurden von ausgewählten Laminaten der Aushärtegrad sowie der Faservolumengehalt ermittelt und Schliffbilder angefertigt. Ein mittlerer Aushärtegrad von 97,4 ± 0,5 % sowie ein mittlerer FVG von 51,86 ± 2,5 % bestätigen die entwickelte thermische Prozessauslegung.

In einem zusätzlichen Versuch wurden Laminate mit lokal unterschiedlichen Harzfilmmengen (siehe Abbildung 26) verpresst. Um eine zur Imprägnierung ausreichende Menge Harz sicherzustellen, wurden die ursprünglich acht Harzfilmlagen entsprechend gleichmäßig aufgeteilt. Durch die lokal aufgebrachten Harzfilmpakete konnten weder die Drapiereigenschaften verbessert noch eine porenfreie Laminatoberfläche erzeugt werden.

Zudem erfordert die lokale Positionierung einen erheblichen Mehraufwand in der Zusammenführung des textilen Halbzeugs mit dem Harzfilm im kontinuierlichen Prozess, weshalb im weiteren von dieser Möglichkeit abgesehen wurde.

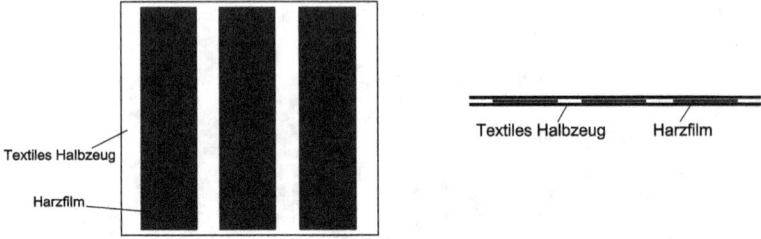

Abbildung 26: Beispiel lokal unterschiedlicher Harzfilmmengen auf Textil zum Beeinflussung des Drapierverhaltens (links: Draufsicht ohne textile Decklage; rechts: Querschnitt des Lagenaufbaus)

Werkzeugentwicklung kontinuierliche Konsolidierung

Anhand der Definition der Referenzgeometrie und der Materialien sowie den ersten statischen Pressversuchen wurde ein Pultrusions-Presswerkzeug entwickelt. Um Temperaturen bis 200 °C und Drücken bis 20 bar Stand zu halten, wurde ein Werkzeugstahl der Legierung 1.2312 gewählt. Das Presswerkzeug wurde auf die Presse der CTC GmbH bezüglich der Außengeometrie und den Passungen angepasst. Die Geometrie der Pressform ist entsprechend der entwickelten Referenzgeometrie mit Endmaß bemaßt. Weiter wurden die in Abbildung 27 dargestellten Harzrinnen zur Abfuhr von Harzüberschüssen mit einer Quetschkante versehen, was bereits in Vorarbeiten der CTC GmbH evaluiert werden konnte. Das Textil ist in Übermaß dimensioniert, sodass es bis in die Harzrinne hinein reicht. Der austretende Harzfluss wird somit durch die Quetschkante und das komprimierte Textil im Bereich der Quetschkante eingedämmt.

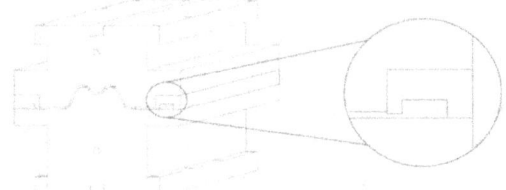

Abbildung 27: Entwickeltes Formgebungswerkzeug in der Übersicht mit Harzablaufrinne und Quetschkante im Detail

Im kontinuierlichen Betrieb der Pultrusionsanlage fährt die Presse getaktet mit dem Profil mit, wobei sie einen Fahrweg von rund 10 cm beschreitet. Um eine Imprägnierung und Konsolidierung des Profils zu ermöglichen, wird eine Werkzeuglänge von 1 m gewählt. Jeder Profilabschnitt wird so insgesamt 10 mal gepresst.

Durchführung erster Pressversuche im Pultrusions-Presswerkzeug

Mit der Fertigung des Presswerkzeugs konnten erste Imprägnierungsversuche auf Endgeometrie durchgeführt werden. Das für den kontinuierlichen Prozess konzipierte offene Werkzeug wies bei diesen statischen Pressversuchen - wie im Pultrusionsversuch - offene Stirnseiten auf (Abbildung 28), sodass der Pressversuch weitgehend vergleichbar zu dem kontinuierlichen Pressvorgang ist.

Abbildung 28: Statische Pressversuche im seitlich offenen Werkzeug

Das Druck- und Temperaturprofil für einen allgemeinen Pressversuch im Konsolidierungswerkzeug ist in Abbildung 29 dargestellt. Da hier nach dem Nachhärtevorgang das Presswerkzeug direkt geöffnet werden kann, fällt die Temperatur an dieser Stelle schlagartig ab.

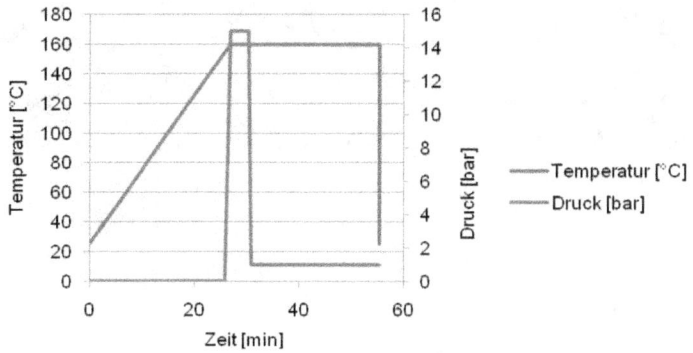

Abbildung 29: Druck- und Temperaturprofil für statische Pressversuche im seitlich offenen Werkzeug

Auch im kontinuierlichen Prozess kühlt das Profil nach dem Verlassen des Nachhärteofens ab. Der Lagenaufbau dieser Versuche entspricht Lagenaufbau 3 (siehe Abbildung 22). Die validierten Prozessparameter aus den Voruntersuchungen wurden ebenfalls für diese Pressversuche eingesetzt, daher wurde auf eine Aushärtegradbestimmung mittels DSC an dieser Stelle verzichtet. Der Faser-volumengehalt liegt für Proben mit drei Textillagen bei etwa 52 %; bei einem Einsatz von 4 Textillagen erhöht sich der Faservolumengehalt auf rund 60 %.

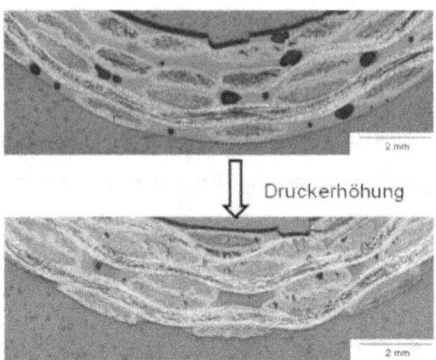

Abbildung 30: Schliffbildanalyse: Reduktion der Lufteinschlüsse durch Erhöhung des Pressdrucks

Eine weitere Erhöhung des Pressdrucks auf 20 bar erzielt geschlossene Laminatoberflächen und eine Porenreduktion (Abbildung 30). Computertomographische Aufnahmen zeigen, wie in Abbildung 31, sowohl porenfreie als auch porenbehaftete Bereiche.

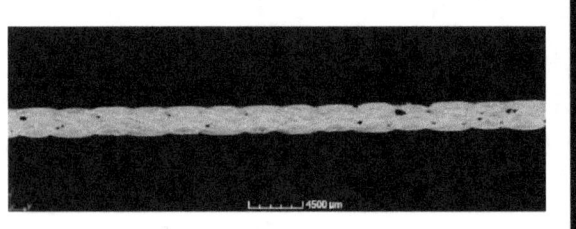
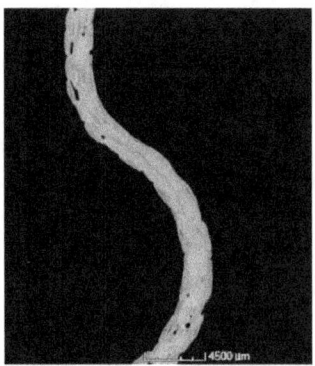

Abbildung 31: Untersuchung der Bauteilqualität mittels µCT

Trotz einer Druckerhöhung können nicht alle Poren aus dem Profil verkleinert beziehungsweise ausgespült werden. Eine weitere Verbesserung ist aus den kontinuierlichen Versuchen zu erwarten, da hier eine gerichtete Fließfront entgegengesetzt der Abzugsrichtung entsteht und so Lufteinschlüsse gerichtet ausgespült werden können.

3.2.4. Zusammenführung in einer PRTM-Prozesskette

Die entwickelten Prozessstufen für ein kontinuierliches Preforming eines textilen Halbzeugs mit integriertem Harzfilm sowie dessen Konsolidierung werden in einer Anlage kombiniert (siehe Abbildung 32). Ein Spulengatter inklusive entsprechender Zusammenführung des textilen Halbzeugs mit dem Harzfilm wurde vor der Preforming-Einheit installiert. Darauf folgt die Preforming-Einheit, die getaktete Presse zur Imprägnierung und Konsolidierung, der Nachhärteofen sowie am Ende der Prozesskette die Abzugseinheit, deren Abzugsstempel entsprechend des Referenzprofils angepasst wurden. Die Stempel greifen die Profilfüße.

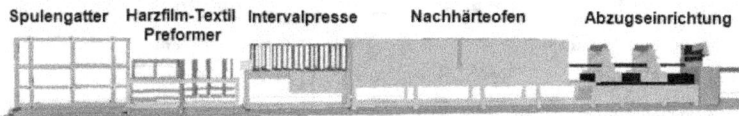

Abbildung 32: Angestrebte Prozesskette des Forschungsvorhabens aus dem Forschungsantrag

Abbildung 33: Fusion der einzelnen Arbeitspakete zu der angestrebten Prozesskette

Ziel der Fertigungsuntersuchungen sowie der Evaluierung der erreichbaren Fertigungsqualität ist einen reproduzierbaren, schnellen und kosteneffizienten Herstellungsprozess zu entwickeln und anhand von Demonstratoren nachzuweisen.

Herstellung von Demonstratorprofilen

Die Herstellung von Demonstratorprofilen erfolgte in der kontinuierlichen Prozesskette an der Pultrusionsanlage der CTC GmbH. Eine entsprechende Umrüstung der Anlage für den RFP-Prozess erfolgte. In den Fertigungsversuchen wurden folgende Profile hergestellt:

a) 3 Lagen Textil, angestrebter Faservolumengehalt: 50 %, Trennfolie
b) 3 Lagen Textil, angestrebter Faservolumengehalt: 50 %, Trennfolie, Abreißgewebe
c) 4 Lagen Textil, angestrebter Faservolumengehalt: 60 % , Trennfolie, Abreißgewebe

Auf die Ober- und Unterseite des Preforms wurde zudem eine Lage Trennfolie angelegt, sodass Harzüberschüsse während der Imprägnierung im Randbereich der übermäßigen Trennfolie verbleiben und nicht auf die Presse tropfen. Da die Profile nach Fertigungsversuch a) bei einer Sichtprüfung im Schnittbild lokal Poren aufwiesen, wurde in den nächsten Versuchsaufbauten Abreißgewebe bereits während des Preformings auf die Profiloberflächen aufgebracht. Während des Imprägnierungs- und Konsolidierungsprozesses nimmt das Abreißgewebe ausgespülte Luft auf, sodass diese nicht auf der Bauteiloberfläche zurückbleiben. Nachdem die ausgehärteten Profile den Nachhärteofen verlassen haben, wurden diese hinter der Abzugsvorrichtung in transportfähige Längen zugesägt.

Gewinnung von Prozessparametern

Bei den durchgeführten Pultrusionsversuchen wurden Abzugsgeschwindigkeiten bis maximal 200 mm/min eingestellt, damit ein gleichmäßig geprefomtes, vollständig imprägniertes und formstabiles Bauteil das Konsolidierungswerkzeug verlässt. Wie in den Vorversuchen wurden 20 bar Druck im Imprägnierungs- und Konsolidierungswerkzeug auf das Bauteil aufgebracht. Entsprechend der Abzugsgeschwindigkeit wurde das Temperaturprofil gewählt, damit ein vollständig ausgehärtetes Bauteil gefertigt werden kann. Durch die Integration eines Thermofühlers in den Lagenaufbau auf der ersten Textillage vor dem Einlaufen in die Preforming-Einheit, wurde ein solches Temperaturprofil entlang der Prozesskette aufgenommen (Abbildung 34). Die Prozesskette startet bei Raumtemperatur. Innerhalb weniger Sekunden steigt die Temperatur durch den direkten Kontakt der beheizten Presswerkzeuge im Preform auf eine Presstemperatur von eingestellten 140 °C. Bei Verlassen des Konsolidierungswerkzeugs (Zwischenraum: Presse-Ofen) sinkt die Temperatur auf 80 °C ab, um dann mit dem Einlauf in den Nachhärteofen wieder anzusteigen. Der hier verwendete Nachhärteofen wird mittels Umluft temperiert, weshalb die Temperaturen im Anfangs- und Endbereich des Ofens geringer ausfallen als in Ofenmitte.

Zusammenführung in einer PRTM-Prozesskette

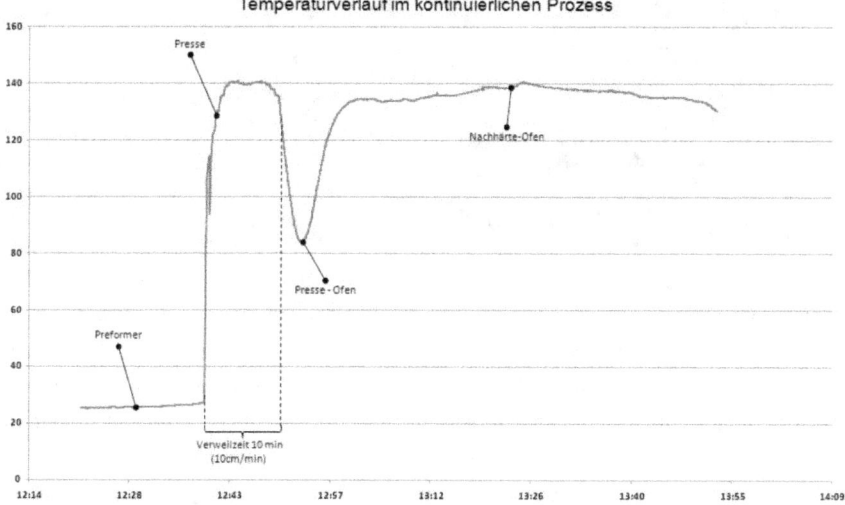

Abbildung 34: Temperaturprofil im kontinuierlichen Prozess bei einer Abzugsgeschwindigkeit von 100 mm/min

Bestimmung der inneren Fertigungsqualität

Die innere Fertigungsqualität wurde durch Schliffbilder, Computertomographie und Ermittlung des Faservolumengehalts bestimmt. Die Schliffbilder (Abbildung 35) wurden aus verschiedenen Bereichen, wie Sicke und Profilfuß, und entlang des Pultrudats entnommen. Die Schliffbilder zeigen deutlich die drei beziehungsweise vier Textillagen im Bauteil sowie den vergleichsweise hohen Volumenanteil Harz im drei-lagigen Aufbau. Auch Poreneinschlüsse sind sichtbar. Da eine visuelle Begutachtung eines gefertigten Profilabschnitts während der Versuchsdurchführung Lufteinschlüsse an der Laminatoberfläche und in der Schnittfläche zeigten, wurde in den folgenden Pultrusionsversuchen Abreißgewebe zwischen die Trennfolie und den Preform eingebracht. Das Abreißgewebe soll während des Imprägnierungsvorgangs ebenfalls durch das Harz getränkt werden und mögliche Lufteinschlüsse aus der äußeren Textillage aufnehmen. Eine geschlossene Oberfläche ist zielführend. Der Einsatz des Abreißgewebes hinterlässt zudem auf dem ausgehärteten Bauteil eine strukturierte raue Oberfläche, welche eine Weiterverarbeitung, wie bspw. eine Lackierung oder Verklebung, ohne weitere Vorbereitungen erlaubt.

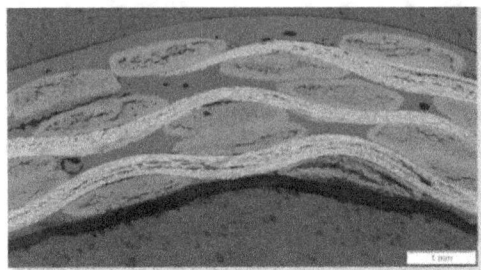 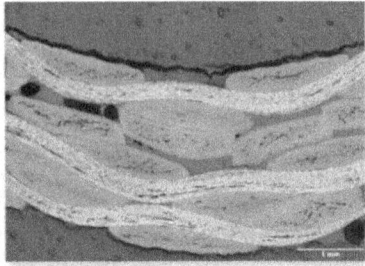

Abbildung 35: Schliffbilder im Vergleich: 3 lagiger (links) und 4 lagiger (rechts) Lagenaufbau

Zusätzlich wird an verschiedenen Stellen der Demonstratoren der Faservolumengehalt ermittelt. Es wurden dazu Abschnitte im Profilfußbereich sowie im Steg ausgewählt, um einen direkten Vergleich im Profilquerschnitt zu erzeugen. Dabei lagen alle Messwerte im selben Bereich, sodass ein gemeinsamer Mittelwert mit Standardabweichung ermittelt wurde. Bei einem Lagenaufbau mit drei Textillagen konnte ein Faservolumengehalt (nasschemisch) von 52,68 ± 0,8 % erzielt werden. Ein Lagenaufbau mit vier Lagen Textil erhöht den Faservolumengehalt auf 59,35 ± 4,8 %. Die erhöhte Standardabweichung kann in einer unzureichenden Verpressung begründet werden, sodass Bereiche mit verhältnismäßig viel beziehungsweise wenig Harz entstehen. Auch die in Abbildung 35 dargestellten Lufteinschlüsse können darin begründet liegen. Eine Erhöhung des Pressdrucks während des Versuchs war nicht mehr möglich. Für zukünftige Versuche sollte zudem ein Harzfilm mit höherem Flächengewicht von 500 - 1000 g/m^2 eingesetzt werden, um Lufteinschlüsse durch das Schichten der einzelnen Harzfilmlagen zu vermeiden. Außerdem könnte ein durchlässigeres Textil verwendet werden, wie es beispielsweise durch ein Gewebe mit Köperbindung gegeben wäre.

Die Faserorientierung ist gerade bei dem Fertigungsversuch nach a) besonders gut sichtbar, da auf den Lagenaufbau nur eine Trennfolie aufgebracht wurde, welche eine glatte Bauteiloberfläche hinterlässt. Hier kam es zu Versuchsbeginn zu Faserverschiebungen, wie in Abbildung 36 links dargestellt, welche in der Einstellung der Preforming-Einheit verursacht wurden. Mit einer Verschiebung der Sickenrolle von wenigen Millimetern, konnte der Druck auf das textile Halbzeug soweit reduziert werden, dass das Textil gleichmäßig vorgeformt werden konnte (siehe Abbildung 36 rechts).

Zusammenführung in einer PRTM-Prozesskette

Abbildung 36: Faserorientierung vor und nach der Justierung der Sickenrolle

Biege- und Schlagzähigkeitsversuche

Zur Überprüfung der erreichbaren mechanischen Eigenschaften mit besonderer Relevanz für ein Pkw-Türversteifungsprofil wurden die Demonstratoren hinsichtlich ihrer Crash-Eigenschaften bei einem Seitenaufprall untersucht. Dazu wurde ein Profilabschnitt von 200 mm Länge auf einen festen Untergrund abgelegt, wobei ein Stempel mit definierter Geschwindigkeit auf das Profil gefahren wurde (Abbildung 37). Mit diesem Prüfverfahren wurde sowohl auf den Charpy-Schlagzähigkeits-Test als auch auf den Biegetest zur Beurteilung des Materialversagens eingegangen. Die Kraft wurde dabei bis zum vollständigen Versagen des Prüflings aufgezeichnet und entsprechend gemittelt. Abbildung 37 deutet bereits auf das Bruchverhalten der Profilabschnitte hin, was in den Messaufzeichnungen in Abbildung 38 deutlich wird. Das Profil bricht bei Belastung zuerst im oberen Bereich der Schenkel (Bruch 1), wodurch die Profilfüße nach außen fahren. Nach weiterer Belastung bricht das Profil im Bereich der Sicke (Bruch 2). Im Crashfall wird zuerst Energie durch die Verformung/Aufweitung des Profils abgebaut, während es in einem zweiten Schritt zu einer plastischen Verformung kommt. In Abbildung 38 ist zudem die maximal aufgewendete Kraft aufgeführt, welcher der Profilabschnitt Stand hält. So nimmt ein Profilabschnitt mit einem Faservolumengehalt von 50 % und 3 Lagen Textil 26 % weniger Last auf als ein Profilabschnitt mit 4 Textillagen und einem entsprechenden Faservolumengehalt von 60 %.

Abbildung 37: Druckversuch zur Charakterisierung der mechanischen Eigenschaften des Pultrudats

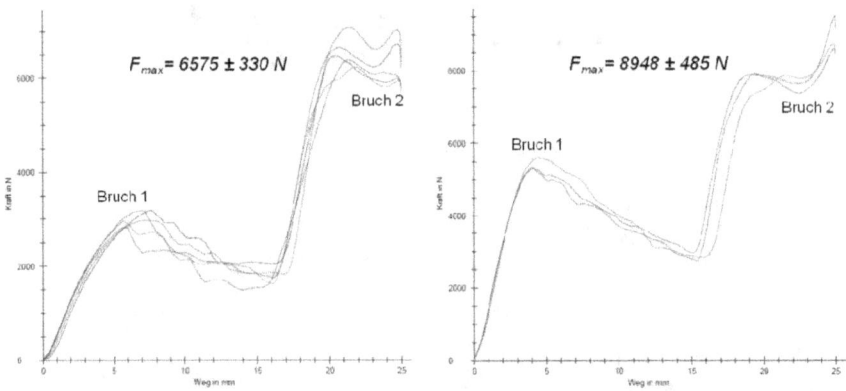

Abbildung 38: Aufzeichnungen der Kraftmessung im Druckversuch

Die auf diese Weise geschädigten Proben wurden mit Hilfe des Computertomographen (µCT) untersucht, um eine innere Schädigung durch die Beanspruchung nachvollziehen zu können. Dazu wurden die Profilabschnitte vor der mechanischen Prüfung einem µCT-Scan unterzogen, welcher mit den Aufnahmen der Abschnitte nach dem Materialversagen verglichen wurden. Abbildung 39 zeigt einen Profilabschnitt (links oben), welcher vor der mechanischen Prüfung gescannt wurde und keine Fehlstellen aufweist. Nach Durchführung des Druckversuchs können deutlich Delaminationen und Faserbrüche im Bereich der Druckaufbringung herausgestellt werden (siehe Abbildung 39 und Abbildung 40).

Zusammenführung in einer PRTM-Prozesskette

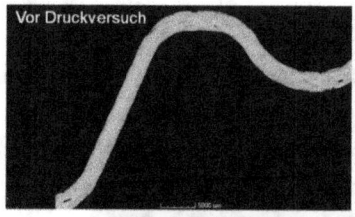
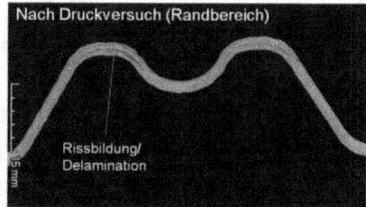
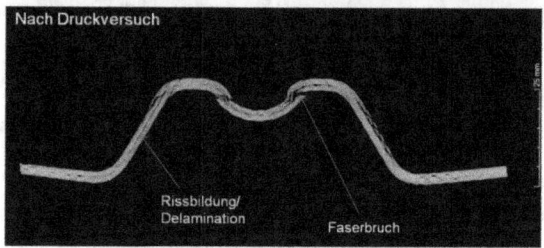

Abbildung 39: µCT-Aufnahmen der Profile vor (oben links) und nach dem Druckversuch

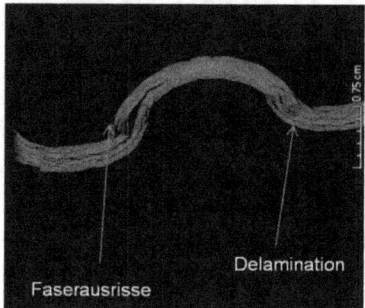

Abbildung 40: Detailaufnahme der Faserausrisse und Delamination eines Prüfkörpers nach der mechanischen Prüfung

Eine Validierung als Pkw-Türversteifungsprofils ist an dieser Stelle unzureichend, da ein Profilausschnitt von 200 mm getestet wurde, wo hingegen das Originalbauteil rund 1000 mm lang ist. Auch ein Vergleich mit einem Bauteil in Originalgröße ist aufgrund der unterschiedlichen Materialeigenschaften, bei z.B. Biegebeanspruchung, als auch aufgrund der Geometrie, welche im Originalbauteil nicht kontinuierlich ist, schwierig. Im Allgemeinen sollte der Träger einer Eindrückkraft von mindestens 10 kN bei einer Eindrücktiefe von 152 mm Stand halten.

Die im Rahmen des Projektes gefertigten Demonstratoren verbleiben bei der Forschungsstelle und werden weder entgeltlich noch unentgeltlich abgegeben.

3.2.5. Dokumentation und Bewertung der Projektergebnisse

Neben dem Abschlussbericht wurden und werden zukünftig durch wissenschaftliche Veröffentlichungen (siehe auch Tabelle 9 und Tabelle 10) die Ergebnisse einer breiten Öffentlichkeit zugänglich gemacht. Durch diese Ergebniszusammenfassung werden KMU bei einer eigenen Umsetzung der Ergebnisse im Rahmen von anschließenden Weiterentwicklungen unterstützt und deren Wettbewerbsfähigkeit gestärkt.

Die entwickelte kontinuierliche Prozesskette zur gemeinsamen Verarbeitung von kostengünstigen textilen Halbzeugen und Harzfilmen ermöglicht eine Reduktion der Fertigungskosten von Faserverbundprofilen um 40 %. Neben den Fertigungskosten müssen die Materialkosten in die wirtschaftliche Betrachtung mit einfließen (Tabelle 7).

Tabelle 7: Materialkosten - Stahlprofil im Vergleich zu CFK-Profil

Materialkosten Stahl	Materialkosten CFK	
	Einzelfertigung	Serienfertigung
2,40 €	Textil: 19 € Harzfilm: 13,40 €	Textil: 13,60 € Harzfilm: 9,90 €
	32,50 €	23,50 €

Als deutlicher Kostentreiber sind die Materialkosten zu beziffern. Die Automobilindustrie investiert je eingespartes Kilo 5 € in die Investition [VOI09], weshalb die Materialkosten in der Serienfertigung eines CFK-Seitenaufpraliträgers um weitere 10 € reduziert werden müssten. Einsparpotential liegt in der Wahl des textilen Halbzeugs. Die Verwendung von 12 K Rovings an Stelle von den verwendeten 6 K Rovings würde dabei eine Kosteneinsparung um 50 % erbringen. Zusätzlich könnte ein günstigerer Harzfilm verwendet werden, um die Kosten weiter zu reduzieren.

Technologische und wirtschaftliche Empfehlungen zur Weiterentwicklung für eine industrielle Nutzung wurden gemeinsam mit dem PA erarbeitet und somit ein Transfer der Ergebnisse in KMU bzw. für weitere Forschungsvorhaben ermöglicht.

3.2.6. Geplante Arbeitspakete / umgesetzte Arbeitspakete

Tabelle 8: Geplante Arbeitspakete / umgesetzte Arbeitspakete

AP Nr.	Arbeitspakete	
	Geplant	Umgesetzt
1	**Definition der Referenzstruktur und Materialien**	
1.1	Festlegung einer Referenzbauteilgeometrie	
	• Profilgestaltung in Anlehnung an einen Pkw-Seitenaufprallträger	• Profilgestaltung in Anlehnung an einen Pkw-Seitenaufprallträger
1.2	Materialauswahl und -spezifikation	
	• Auswahl eines Textils: hohe Energieabsorption, Kohlenstofffaser • Auswahl eines Harzfilms: schnelle Taktzeit, geringe Viskosität während Imprägnierung	• Auswahl eines Textils: Kohlenstofffasergewebe der Fa. vom Baur: FG 750 g/m^2, Artikel 17082 auf 200 mm Breite • Auswahl eines Harzfilms: Harzfilm CP006 der Fa. c-m-p GmbH mit FG 200 g/m^2, thermoplastisch versetztes Epoxidharz
1.3	Thermische Werkstoff- und Prozessauslegung	
	• thermische Analyse des Harzfilms • Ableitung von Prozessparametern	• thermische Analyse des Harzfilms • Ableitung der Prozessparameter, wie Aushärtezeit und Abzugsgeschwindigkeiten
2.	**Entwicklung kontinuierliches Preforming**	
2.1	Drapier- und Klebrigkeitsuntersuchungen	
	• T-Peel Test bzgl. Anpressdruck • Loop Test bzgl. Temperatur • Zugprüfung bzgl. Temperatur • Drapierversuche am Drapetest-Messgerät	• T-Peel Test bzgl. Anpressdruck • Loop Test bzgl. Temperatur • Zugprüfung bzgl. Temperatur • Drapierversuche mit Cantilever-Test; da Probenmaße und Harzfilm die Nutzung des Drapetest-Messgerätes verhinderten
2.2	Werkzeugentwicklung zum kontinuierlichen Preforming	
	• kontinuierliche Zusammenführung von Harzfilm und Textil • Entwicklung eines bauteilnahen Preformingwerkzeugs	• kontinuierliche Zusammenführung von Harzfilm und Textil • Entwicklung eines endgeometrienahem Preformingwerkzeugs
2.3	Bau eines Preformingdemonstrators	
	• Bau einer Preforming-Einheit • Fertigung von Demonstratoren	• Bau einer Preforming-Einheit mit Schiene und Anpressrollen • Fertigung von Demonstratoren
2.4	Prozessanalyse an Demonstratorbauteilen	
	• IR-Spektroskopie zur Bestimmung der Lagerungsbedingungen	• IR-Spektroskopie zur Bestimmung des Aushärtegrades und der Feuchtigkeitsaufnahme bei untersch. Lagerungsbedingungen
3.	**Entwicklung kontinuierliche Konsolidierung**	
3.1	RFI-Imprägnierungsversuche	
	• RFI-Pressversuche mit variierender Harzfilmmenge und Positionierung • Bewertung Infiltrierbarkeit mit dielektrischen Sensoren • DSC für Reaktionskinetik • rheologische Messung: Viskositätsprofil	• RFI-Versuche mit variierender Harzfilmmenge und Positionierung • Bewertung Infiltrierbarkeit: DSC, FVG, mikroskopische Untersuchung • DSC und rheologische Messung wurden durchgeführt
3.2	Werkzeugentwicklung kontinuierliche Konsolidierung	

Geplante Arbeitspakete / umgesetzte Arbeitspakete

	• Entwicklung eines Presswerkzeugs	• Entwicklung eines Presswerkzeugs
3.3	Bau Versuchswerkzeug zur kontinuierlichen Konsolidierung	
	• Bau eines Presswerkzeugs entsprechend der Spezifikation aus 3.2	• Fertigung eines Presswerkzeugs entsprechend Spezifikation • Durchführung von ersten Pressversuchen
4.	**PRTM-Prozesskette**	
4.1	Herstellung Demonstratorprofile	
	• kontinuierliche Prozesskette aufbauen • Demonstratorprofile kontinuierlich fertigen	• kontinuierlichen Prozesskette wurde aufgebaut (Fusion der Arbeitspakete 2 & 3) • kontinuierliche Fertigung von Demonstratorprofilen
4.2	Gewinnung Prozessparameter	
	• Abzugsgeschwindigkeiten • Pressdrücke	• Abzugsgeschwindigkeiten angepasst an Aushärtereaktion • Pressdrücke aus Vorversuchen in AP3
4.3	Bestimmung der inneren Fertigungsqualität	
	• Ermittlung von FVG • Schliffbildanalyse • Computertomograph (µCT)	• FVG ermittelt • Schliffbilder ausgewertet • µCT-Auswertung
4.4	Biege- und Schlagzähigkeitsversuche	
	• mechanische Eigenschaften: Charpy-Schlagzähigkeit, Zug- und Biegeversuche	• Prüfung der mechanischen Eigenschaften: Kombination aus Charpy-Schlagzähigkeit, Zug- und Biegeversuch
5.	**Dokumentation, Bewertung, Empfehlung, Abschlussbericht**	
	• Daten übersichtlich aufbereitet und in einem Abschlussbericht zusammengetragen • Veröffentlichung der Ergebnisse • Wirtschaftlichkeitsbetrachtung: Vergleich bestehender Fertigungsverfahren • technologische und wirtschaftliche Empfehlung zur Weiterentwicklung	• Daten übersichtlich aufbereitet und in einem Abschlussbericht zusammengetragen • Veröffentlichungen nach Transferaktivitäten • Vergleich des Fertigungsverfahrens des Originalbauteils mit PRTM und RFP • Darstellung von Weiterentwicklungen

3.2.7. Angemessenheit und Notwendigkeit

Der Einsatz eines wissenschaftlichen Mitarbeiters (24 PM) war erforderlich, um den Projektfortschritt zu gewährleisten. Zu den Aufgaben gehörten Informationsbeschaffung zur Bauteilspezifikation, Auswahl geeigneter Ausgangsmaterialien, Versuchsplanung, Betreuung von Imprägnierungsversuchen sowie deren Auswertung, Koordination aller Tätigkeiten sowie Vorbereitung und Leitung der vier PA-Sitzungen. Der Einsatz des technischen Personals war zur Anlagenbedienung, Versuchsdurchführung und Charakterisierung der Material- und Prüfkörpereigenschaften im Projekt erforderlich. Studentische Mitarbeiter/-innen haben das Personal bei einfachen Aufgaben unterstützt um Kosten einzusparen. Die Arbeiten sind in Zeitdauer und Sinnhaftigkeit dem vorgegebenen Arbeitsplan angemessen. Der Personaleinsatz war demzufolge notwendig und angemessen. Die Gerätebeschaffung war erforderlich, um ein Imprägnierungs- und Konsolidierungswerkzeug in Form von Presseinsätzen entsprechend Vorgabe und eine Preforming-Einheit bestehend aus Aluminiumprofilen, einer Kunststoffschiene und gedrehten Kunststoffrollen für die Prozesskette fertigen zu können. Die Geräte gehören nicht zur Grundausstattung. Die Leistungen Dritter wurden für eine vergleichende Analyse des Harzfilms mittels IR-Spektroskopie aufgewendet. Die übrigen Leistungen wurden durch die Forschungsstelle bearbeitet.

3.3 Innovativer Beitrag der Forschungsergebnisse

Der innovative Beitrag liegt in einer Entwicklung, Untersuchung und Umsetzung einer kontinuierlichen Prozesskette zur Verarbeitung komplexer multiaxial verstärkter textiler Halbzeuge in Kombination mit funktionell modifizierten Harzfilmen zur ressourcenschonenden Herstellung anforderungsgerechter biegesteifer und schlagzäher FKV-Profile mit Hilfe der PRTM Technologie.

Es sind durch die Technologieentwicklung folgende Innovationen zur Fertigung von Faserverbundstrukturen zu erwarten:

- Verkürzung der Fertigungszeit und Fertigungskosten von Faserverbundbauteilen für den Großserieneinsatz,
- Entwicklung einer Technologie zur kontinuierlichen Herstellung von schlagzähen Versteifungsprofilen,
- Erschließung neuer textiler Anwendungsgebiete und Produkte,
- Substitution von metallischen Strukturen sowie kostenaufwändiger Prepreg-Halbzeuge durch trockene Textilien. Masseeinsparung und Ressourcenschonung gegenüber metallischen Strukturen.

4. Wirtschaftliche Bedeutung des Forschungsthemas für kleine und mittlere Unternehmen (KMU)

4.1 Voraussichtliche Nutzung der angestrebten Forschungsergebnisse

Die Projektergebnisse bringen den Nachweis der Eignung dieses neuen kontinuierlichen Fertigungsverfahrens für Hochleistungsanwendungen. Somit können metallische Komponenten durch textile Strukturen ersetzt und das Leichtbaupotenzial von FVK im Maschinen-, Fahrzeug- und Flugzeugbau für hochsteife und mitunter Crash relevante Strukturen genutzt werden.

Die Bauteile basieren auf vollautomatisiert gefertigten Halbzeugen und weisen ein geringes Gewicht bei gleichzeitig hoher Biegesteifigkeit und -festigkeit sowie einer hohen Schlagzähigkeit durch funktionelle Inhaltsstoffe im Harzfilm auf. Gleichzeitig ist es Automobilzulieferern und -herstellern möglich auf ressourcenschonende textile Strukturen zurückzugreifen, die eine wirtschaftlich effiziente Fertigung bieten. Mit der dargestellten kontinuierlichen Resin Film Pultrusion (kurz: RFP) Prozesskette erfolgt eine Verlagerung in der Wertschöpfungskette hin zum textilen Preform. Es können produktspezifische Halbzeuge mit einer kraftflussgerechten Faserarchitektur und einer zusätzlichen funktionellen Modifizierung zur Erhöhung der Schlagzähigkeit kontinuierlich und kosteneffizient verarbeitet werden. Mit der RFP-Technologie ist eine Einsparung der Fertigungskosten für offene Profile von bis zu 40 % zu erwarten.

Mit einem Umsatz von etwa 13,5 Milliarden Euro im Jahr 2011 stellen die technische Textilien die Hälfte des Jahresumsatz der deutschen Textilindustrie dar [GTM12]. Dabei besteht die deutsche Textil- und Bekleidungsindustrie weitestgehend aus mittelständischen Unternehmen. Eine Reduzierung der Produktionskosten für FV-Bauteile kann somit eine Ausweitung von technischen Textilien auf eine Vielzahl weiterer Bauteile z.B. in der Automobilindustrie und anderen Industriezweigen ermöglichen. Bereits heute wird durch Branchenverbände eine Steigerung des Anteils von technischen Textilien in Pkw um ein Drittel bis 2015 prognostiziert. Insgesamt 3,17 Millionen neu zugelassene Pkw im Jahr 2011 [KBA12] und ein Bestreben der deutschen Bundesregierung bis zum Jahre 2020 eine Million Pkw mit Elektroantrieb im Straßenverkehr vorweisen zu können [BMU12], verdeutlicht zusätzlich das wirtschaftliche Potenzial für KMU in der Textilbranche aber auch im Anlagenbau. Nach Studien des VDMA ist zudem mit einem Wachstum des Composite Markts von jährlich 17 % bis 2020 zu rechnen [LÄS12]. Mit Hilfe der angestrebten kontinuierlich arbeitenden und kosteneffizienten Prozesskette kann dieses Potenzial mittelfristig durch KMU genutzt werden. Ausgehend von angenommen Bauteilkosten von zehn Euro für ein manuell gefertigtes FV-Pkw-Türprofil, mit angenommen gleichen Kostenanteilen für Fertigungs- und Materialkosten, kann durch eine Reduzierung der Fertigungskosten um bis zu 40 % eine Einsparung von zwei Euro pro Bauteil erreicht werden. Damit können kontinuierlich hergestellte FV-Strukturen eine kosteneffiziente

Wirtschaftliche Bedeutung des Forschungsthemas für kleine und mittlere Unternehmen (KMU)

Alternative zu hochfesten metallischen Strukturen werden. Für ein Szenario von einer Million angestrebten Elektrofahrzeugen bis 2020 [BMU12] ergibt sich ein Potential zur Umsatzsteigerung von etwa 10 - 20 Millionen Euro in Abhängigkeit von der Anzahl der Türen der Fahrzeuge für aktuell ca. 120 KMU-Hersteller [GTM12] von technischen Textilien. Parallel dazu wird eine erhöhte Nachfrage nach Anlagentechnik zur Herstellung von technischen Textilien wie Webstühlen, Wirkautomaten und Flechtanlagen sowie zur Faserverbundherstellung auf Basis der PRTM Technologie für Anlagenbauer entstehen. Dieses Szenario zeigt ein langfristiges Marktpotential für KMU. Es wird geschätzt, dass branchenübergreifend 80 - 100 KMU von den angestrebten Ergebnissen des Forschungsvorhabens profitieren können.

Die angestrebte kontinuierliche Prozesskette ermöglicht Textilherstellern, Anlagenbauern, Faserverbundherstellern sowie Fahrzeugbauern ihre Marktposition zu festigen. KMU in Deutschland können durch einen Vorsprung im Bereich der technischen Textilien und deren Weiterverarbeitung trotz eines im Vergleich zu anderen Ländern hohen Lohnniveaus ein Beschäftigungssicherung bzw. -zuwachs gewährleisten.

Es wird geschätzt, dass ein Einsatz von vorkonfektionierten textilen Preforms den Rohmaterialbedarf um bis zu 40 % reduzieren kann. Dies trägt zu weniger Materialverschnitt bei und bietet neben einer Einsparung von Materialkosten eine gesteigerte ökologische Nachhaltigkeit zukünftiger Produkte. Es ergeben sich als Alternative zu metallischen Strukturen massesparend und ressourcenschonende Bauteile und Prozesse auf Basis textiler Halbzeuge.

Die im projektbegleitenden Ausschuss engagierten Unternehmen spiegeln die Bedeutung des Vorhabens für KMU sowie für unterschiedliche Industriezweige wieder. Alle Unternehmen beschäftigen sich bereits seit vielen Jahren mit der Verarbeitung von Textilien und Faserverbundwerkstoffen und ergänzten das Projekt in idealer Weise. Mit der Veröffentlichung der Forschungsergebnisse wird eine wachsende Nachfrage nach technischen Textilien in der Textilindustrie, einer gesteigerten Nachfrage nach Anlagentechnik zur kontinuierlichen Verarbeitung von Faserverbundstrukturen sowie eine weitere Steigerung des Absatzes von schlagzähen Versteifungsprofilen auch im automobilen Umfeld besonders bei KMU erwartet.

Die Nutzung der Forschungsergebnisse erfolgt voraussichtlich in den Fachgebieten
- Produktion („hauptsächliche Nutzung")
- Werkstoffe, Materialien („hauptsächliche Nutzung")

Weiterhin kommt eine Nutzung in folgenden Wirtschaftszweigen in Betracht
- Textilgewerbe („hauptsächliche Nutzung")
- Fahrzeugbau („hauptsächliche Nutzung")
- Luftfahrt („Nutzung auch möglich")

Wirtschaftliche Bedeutung des Forschungsthemas für kleine und mittlere Unternehmen (KMU)

- Maschinenbau („Nutzung auch möglich")

4.2 Voraussichtlicher Beitrag zur Steigerung der Wettbewerbsfähigkeit der KMU

a) Erschließung neuer Märkte

Die kontinuierlich arbeitende Prozesskette bietet erstmals eine besonders kosteneffiziente Möglichkeit schlagzähe FKV-Profile auch in KMU zu fertigen. Darüber hinaus wird eine Substitution metallischer Strukturen z.B. im Fahrzeugbau durch FKV Strukturen mit hohen mechanischen Eigenschaften wie Biegesteifigkeit und -festigkeit sowie einer hohen Schlagzähigkeit ermöglicht. Es wird ein ressourcenschonender Leichtbau durch den Einsatz innovativer Werkstoffe und Technologien mittelfristig in einem seriennahen Umfeld realisiert. Dies entspricht aktuellen Markttrends und festigt bzw. verbessert die Position von KMU als Hersteller technischer Textilien, Anlagen, sowie von Verbund- und Fahrzeugkomponentenherstellern. KMU können somit vom Marktwachstum der Composite Industrie profitieren und Arbeitsplätze sichern.

Die mechanischen Eigenschaften der auf Basis des PRTM Verfahrens hergestellten FV-Versteifungsprofile mit zusätzlichen funktionellen Inhaltsstoffen sind hoch. Die Verarbeitung bauteilspezifischer Preforms, welche zusätzlich zu den Verstärkungsfasern mit einem unausgehärteten Harzfilm ausgestattet werden, ermöglicht eine kontinuierlich arbeitende Prozesskette. Es lassen sich ein kosteneffizienter und hoher Produktionsausstoß erzielen, so dass neue, durch KMU nutzbare Faserverbund-Anwendungen ermöglicht werden. Mit dem hohen Leichtbaupotenzial und der Möglichkeit zur Eigenschaftsoptimierung können FVK-Versteigungsprofile in Bereichen wie z.B. dem Fahrzeugbau eingesetzt werden, die heute von metallischen Werkstoffen dominiert werden.

Beitrag zur Steigerung der Wettbewerbsfähigkeit der KMU:

- Durch die steigende Nachfrage nach Leichtbaulösungen im Fahrzeugbau wird bereits jetzt der Anteil an Faserverbundbauteilen in der Gesamtstruktur erhöht. Mit den Forschungsergebnissen ist eine Ausweitung auf weitere Bauteile möglich,
- es entfallen Vorform- und Handhabungs- sowie Montageprozessschritte durch eine kontinuierliche arbeitende Pultrusions-RTM-Prozesskette,
- erstmals können Versteifungsstrukturen auf Basis von Faserverbundwerkstoffen mit zusätzlichen funktionellen Inhaltsstoffen ausgestattet werden, um z.B. eine hohe Schlagzähigkeit oder elektrische Leitfähigkeit zu ermöglichen,
- im Fahrzeugbau lassen sich tragende FV-Versteifungsstrukturen mit hoher Schlagzähigkeit kosteneffizient und durch KMU umsetzbar fertigen. Metallische Strukturbauteile können substituiert und die Fahrzeugmasse reduziert werden. So kann mit einem Seitenaufprallträger aus CFK mehr als 50 % der Profilmasse eingespart werden -

Umgerechnet wären es etwa 1,35 kg unter Berücksichtigung der mechanischen Eigenschaften (Abbildung 41)

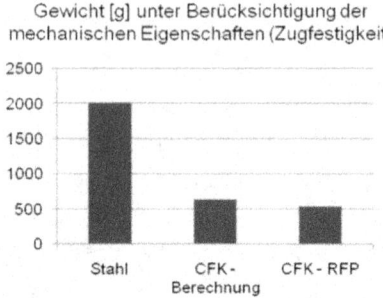

Abbildung 41: Gewicht eines Pkw-Seitenaufprallträgers im Materialienvergleich

- im Flugzeugbau können crashgefährdete Primär- und Sekundärstrukturen aus schlagzähen und biegesteifen FV-Profilen gefertigt werden und metallische Strukturbauteile substituieren,
- eine kontinuierliche Fertigung von komplexen Bauteilen in großen Stückzahlen ermöglicht branchenübergreifend wirtschaftlich effizientere Lösungen durch den Einsatz anforderungsgerechterer Halbzeuge für optimierte Faserverbundbauteile,
- die Vernetzung der Hersteller technischer Textilien mit Anwendern als Basis einer gemeinsamen Weiterentwicklung wird ermöglicht.

Mit Hilfe der im Projekt gewonnenen Ergebnisse ist ein breiterer Anwendungsbereich von FVK-Bauteilen für Hochleistungsprodukte besonders für Standardprofile zu erwarten. Eine Umsetzbarkeit durch KMU ist gegeben. Ein effizienter Werkstoffeinsatz und eine schnelle, automatisierte PRTM Prozesskette ermöglichen leistungsfähigere Produkte mit geringeren Herstellungskosten im Vergleich zu verbreiteten Fertigungsverfahren. Dies fördert den Einsatz technischer Textilien und festigt damit die Marktposition von Herstellern, Verarbeitern, Zulieferern, Endanwendern und damit maßgeblich von KMU.

b) Wirtschaftliche und technologische Vorteile

Die dargestellte Prozesskette und die möglichen Produkte weisen insgesamt mehrere Vorteile gegenüber konventionellen Technologien auf:

- Eine wirtschaftlich effiziente und kontinuierliche Fertigung von FVW. Häufig manuell geprägte Prozessketten können substituiert werden,
- belastungsgerechte funktionell modifizierte Harzfilme in Kombination mit komplexen multiaxial verstärkten technischen textilen Halbzeugen, die kosteneffizient sind,

Wirtschaftliche Bedeutung des Forschungsthemas für kleine und mittlere Unternehmen (KMU)

- eine Integration funktioneller Inhaltsstoffe ermöglicht eine Fertigung lastgerechter biegesteifer und schlagzäher Leichtbauprofile in Faserverbundbauweise,
- der Einsatz textiler Halbzeuge und FVK kann metallische Strukturen substituieren, Fahrzeugmassen senken und somit zu ressourcenschonenden zukünftigen Produkten beitragen,
- durch den hohen Automatisierungsgrad der Prozesskette ist eine kundennahe Fertigung in Ländern mit vergleichsweise hohem Lohnniveau möglich. Eine hohe Prozesssicherheit ist gewährleistet,
- kurze Zykluszeiten ermöglichen eine Umsetzung von Leichtbaukonzepten für ein breites Anwendungsfeld. Die neuen Produkte zeichnen sich dabei durch geringeres Gewicht, erhöhte Leistungsfähigkeit und reduzierten Energieverbrauch im Betrieb aus.

Die im Projekt gewonnenen Erkenntnisse führen zu einem technologischen Vorsprung für Unternehmen, die die Erkenntnisse für eine zukünftige Produktion innovativer Produkte umsetzen können.

Besonders KMU wie Hersteller von technischen Textilien sowie Anlagenbauer, Composite- und Fahrzeughersteller profitieren von innovativen lastgerechten und kosteneffizienten Faserverbundbauteilen und festigen somit ihre Marktposition.

4.3 Aussagen zur voraussichtlichen industriellen Umsetzung der FuE-Ergebnisse

Laut dem Verband der Automobilindustrie (VDA) werden CFK-Bauteile in Zukunft eine zunehmend größere Bedeutung in der Automobilproduktion gewinnen, so dass eine deutliche Steigerung des CFK-Volumens zu erwarten ist. Allgemeine Prognosen zum Wachstum des Composite Markts mit 17 % pro Jahr bis 2020 [LÄS12] untermauern diese Tendenzen.

Ein industrieller Einsatz komplexer Faserverbundstrukturen, die über aktuell gefertigte Profile hinausgehen, wird in den kommenden Jahren erwartet. Wirtschaftliche und technische Erfolgsaussichten werden daher bei Realisierung einer kontinuierlichen Fertigung von biegesteifen und schlagzähen FV-Profilen mit zusätzlichen funktionellen Inhaltsstoffen durch die Mitglieder des projektbegleitenden Ausschusses als sehr gut bezeichnet.

Nach Projektende kann eine Weiterentwicklung der Anlagen- und Steuerungstechnik gepaart mit optimierten Werkzeugsystemen und einer kontinuierlichen Bereitstellung und Abtransport von Materialien und Bauteilen in einen Serienprozess übertragen werden. Durch eine Integration von nicht zerstörenden Prüfverfahren wie z.B. Ultraschall oder Computertomographie in der Fertigungslinie kann eine innere Profilqualität überwacht werden. Ein solcher Ergebnistransfer für eine kostengünstige Leichtbauserienlösung kann innerhalb von zwei bis drei Jahren nach Projektende erfolgen.

Die zusätzlich für eine Umsetzung erforderlichen Qualitätssicherungskonzepte werden von der durchführenden Forschungsstelle bereits in laufenden Projekten für verwandte Verfahren

Wirtschaftliche Bedeutung des Forschungsthemas für kleine und mittlere Unternehmen (KMU)

entwickelt bzw. sind mitunter bereits Stand der Technik. Die verschiedenen Konzepte einer Online-Überwachung können so schnell auf das hier beschriebene RFP-Verfahren überführt und analysiert beziehungsweise bewertet werden. Die hohe Nachfrage für Leichtbaulösungen zur Energieeinsparung unter anderem aus der Automobilindustrie, der Luftfahrt und dem Maschinenbau führen dazu, dass eine industrielle Umsetzung der neuartigen Produktionslinie in drei bis vier Jahren nach Projektende erfolgen kann.

Die industrielle Umsetzung der in diesem Projekt erlangten Ergebnisse erfordern für die in der FVK-Branche tätigen KMU vertretbare Investitionskosten. Ein Mehraufwand für eine Anschaffung einer PRTM Produktionslinie wird amortisiert durch einen kosteneffizienten und automatisierten Herstellungsprozess. Es kann auf eine kostenintensive manuelle Bauteilfertigung verzichten werden. Zudem können trockene textile Halbzeuge genutzt und eine Verwendung teurer Prepreg Systeme sowie metallische Strukturen vermieden werden. Die PRTM Technologie ermöglicht eine Entkoppelung von Prozessschritten. Es kann flexibler auf sich verändernde Forderungen des Marktes reagiert werden. Eine PRTM Anlage kann mit geringem Umrüstungsaufwand zum kontinuierlichen Preforming von Textilien oder auch zur kontinuierlich arbeitenden Herstellung vorimprägnierter Strukturen verwendet werden. Die Umrüstung zur Produktion abweichender Bauteilgeometrien lässt sich bei modular gestalteter Anlagentechnik flexibel realisieren. Damit kann sich verändernden Forderungen des Marktes entsprochen werden.

Die entwickelte Prozesskette lässt einmalig höhere Investitionskosten im Vergleich zu heute üblichen FV-Prozessen erwarten, gewährleistet jedoch ein großes Einsparpotential durch eine kontinuierliche Fertigung belastungsgerechter Strukturen. Eine Umsetzung ist auch für KMU realisierbar.

Eine Serienreifmachung der angestrebten Technologie kann im industriellen Umfeld z.B. durch ZIM-Förderprogramme für KMU, begleitet werden.

Umsetzung der angestrebten Forschungsergebnisse

5. Ergebnistransfer in die Wirtschaft

Um einen wirkungsvollen und breiten Transfer der Arbeiten und der Ergebnisse für die Zielgruppen zu gewährleisten, wurden verschiedene Instrumente zur Veröffentlichung gewählt.

Tabelle 9: Transferaktivitäten während der Projektlaufzeit

Transferaktivität	Zielgruppe und Ziel	Rahmen	Zeitpunkt/-raum
PA-Sitzung	Mitglieder und Gäste des Projektbegleitenden Ausschusses	4 Sitzungen	05.03.2015 01.10.2015 04.05.2016 28.07.2016
Lehre	Studierende UNI Bremen und Hochschule Bremen	Untersuchungen im Rahmen von Bachelorarbeiten, 1 Arbeit abgeschlossen: [MAC16] 1 weitere läuft noch	01.04.2015 bis zum 23.09.2016
Lehre	Studentinnen und Wissenschaftlerinnen	Ingenieurinnen Sommeruni an der UNI Bremen 2016	11.-12.08.2016
Internetauftritt	Interessierte Öffentlichkeit und Fachbesucher	• Veröffentlichung des Projektes auf der FIBRE-Homepage • Veröffentlichung als Highlight-Meldung des FK-Textil	Seit 24.08.2015
Projektflyer	Interessierte Öffentlichkeit und Fachpublikum	Veröffentlichung des Projektes auf FIBRE-Flyern - Auslage: • JEC Paris • Hannover Messe • Composite Europe in Stuttgart • Open Hybrid LabFactory - Eröffnungsfeier	Seit 12.02.2015 10.-11.03.2015 08.-10.03.2016 13.-17.04.2015 25.-29.04.2016 24.09.2015 22.09.2016
Vorträge/Poster auf Konferenzen	Fachpublikum	• World Pultrusion Conference 2016 (Vortrag) - Veröffentlichung über Composites World [COM16] • Airbus Innovation Day 2016 (Poster)	04.03.2016 30.05.2016
Ausstellung des Demonstrators	Interessierte Öffentlichkeit und Fachpublikum	• JEC Paris • Airbus Innovation Day 2016 • in der Forschungsstelle (FIBRE) • Open Hybrid LabFactory - Eröffnungsfeier	08.-10.03.2016 30.05.2016 Seit Dez. 2015 22.09.2016
Aufbereitung der Projektergebnisse	AiF, Forschungskuratorium Textil	Abschlussbericht	Bis 31.10.2016
Weiterentwicklung und Überführung in die Industrie	Interessierte Unternehmen	Weiterentwicklung im Rahmen eines HIGE-Projektes der Honda R&D Europe (Deutschland) GmbH	01.04.2016-31.03.2018

Umsetzung der angestrebten Forschungsergebnisse

Tabelle 10: Transferaktivitäten nach Projektabschluss

Transferaktivität	Zielgruppe und Ziel	Rahmen	Zeitpunkt/-raum
Veröffentlichung des Abschlussberichtes	Interessierte Öffentlichkeit	Veröffentlichung des Abschlussberichtes • als Band über ISBN • ausleihbar am FIBRE	ab 31.10.2016
Veröffentlichungen der Ergebnisse in Fachzeitschriften	Fachpublikum	„Kunststoffe" „Technische Textilien"	ab Jan 2017
Beratung von Unternehmen	Textilsektor, Hersteller von Faserverbundbauteilen (Automobil, Maschinenbau)	Schnelle Umsetzung, Beratung, von KMU's als Zulieferer für die Automobil- und Luftfahrtbranche	ab Jan 2017
Präsentation auf Messen und Tagungen	Interessierte Öffentlichkeit, Fachpublikum	Aachen-Dresden-Denkendorf Textile Conference	24.-25.11.2016
Lehre	Studierende der Universität Bremen	Integration in Vorlesung „Technologie der Faserverbundwerkstoffe" Universität Bremen	ab Okt. 2016

6. Durchführende Forschungsstelle(n)

6.1 Forschungsstelle 1: Faserinstitut Bremen e. V. (FIBRE)
Gebäude IW 3
Am Biologischen Garten 2
28359 Bremen
Telefon: 0421/218 59656
Telefax: 0421/218 3310
E-Mail: <u>sekretariat@faserinstitut.de</u>

6.2.1 Leiter der Forschungsstelle: Prof. Dr.-Ing. Axel S. Herrmann
6.2.2 Projektleiter: Lisa Müller, M. Sc.

Bremen, den

Ort, Datum

Unterschrift des Projektleiters und Stempelabdruck der Forschungsstelle 1

7. Verzeichnisse

Abbildungsverzeichnis

Abbildung 1: Automobiles Türversteifungsprofil in Aluminiumbauweise [AUT13] (links), Messedemonstrator der Firma Krauss Maffei eines CFK (Thermoplast) Türprofils (rechts) 3
Abbildung 2: Verschiedene Seitenaufprallszenarios gemäß NCAP [NCA13], in Anlehnung an seitlichen Pkw-Aufprall (links), in Anlehnung an seitlichen Pfahlaufprall (rechts) 4
Abbildung 3: Prozessablauf Pultrusions-RTM 8
Abbildung 4: Hergestellte Pultrusions-RTM-Musterprofile [BÄU12b] 8
Abbildung 5: Querschnitt der Original-Geometrie eines Pkw-Seitenaufprallträgers (links) und der daraus abgeleiteten Referenzbauteilgeometrie (rechts) 14
Abbildung 6: Darstellung der Original-Geometrie (links) und der Referenzbauteilgeometrie (rechts) 14
Abbildung 7: Reaktionsbereich des Harzsystems. Reaktionsstart bei rund 100 °C 17
Abbildung 8: Darstellung des Gelpunktes und der Aushärtezeit in Abhängigkeit der Temperatur 18
Abbildung 9: Ableitung der Abzugsgeschwindigkeit in Abhängigkeit von der Aushärtetemperatur 18
Abbildung 10: Schlaufentest nach DIN EN 1719: Schlaufe ist eingespannt (links), wird auf Basisplatte gefahren (mitte) und von der Basisplatte gelöst (rechts) 19
Abbildung 11: Schematische Darstellung der Probenvorbereitung des T-Peel Tests nach DIN EN ISO 11339. Die Position des Harzfilms ist rot dargestellt. 21
Abbildung 12: T-Peel Test nach DIN EN ISO 11339 21
Abbildung 13: Probenvorbereitung für Zugversuch nach DIN EN ISO 527-3 22
Abbildung 14: Cantilever-Prüfstand zur Bestimmung der Biegesteifigkeit nach DIN 53362 23
Abbildung 15: Konzept I zum kontinuierlichen Preforming 24
Abbildung 16: Konzept II zum kontinuierlichen Preforming 25
Abbildung 17: Umsetzung des Preforming-Werkzeug in der kontinuierlichen Prozesskette 25
Abbildung 18: Veränderung des IR-Sepktrums bei einer Lagerung bei 50 °C und 20 % rel. Luftfeuchtigkeit 26
Abbildung 19: Veränderung des IR-Spektrums bei einer Lagerung bei 50 °C und 20 % rel. Luftfeuchtigkeit im Bereich der OH-Bindungen (links) und Auswahl eines Referenzpeaks aus den oben dargestellten IR-Spektren (rechts) 27
Abbildung 20: Generisches Druck- und Temperaturprofil der statischen Pressversuche 29
Abbildung 21: Statische Imprägnierungsversuche - Versuchsaufbau 30
Abbildung 22: Schematische Darstellung der untersuchten Lagenaufbauten mit Lagenaufbau 3 als finalen Lagenaufbau 30
Abbildung 23: Mikroskopische Schliffbildanalyse: Abgebildet sind Lamniatabschnitte mit Lagenaufbau 1 mit Lufteinschlüssen (schwarz), Kohlenstofffasern (hellgrau) und Matrix (dunkelgrau) 30
Abbildung 24: Sichtprüfung: Verbesserung der Oberflächenqualität durch Druckerhöhung mit Lagenaufbau 1 31
Abbildung 25: Schematische Darstellung des Fließfrontenverlaufs im Querschnitt bezogen auf den Lagenaufbau: Textil (schwarz), Harzfilm als eingefügte Lage (dunkelgrün) und während der Imprägnierung unter Temperatur und Druck (hellgrün), Aufeinandertreffen der Fließfronten (rot) 31
Abbildung 26: Beispiel lokal unterschiedlicher Harzfilmmengen auf Textil zum Beeinflussung des Drapierverhaltens (links: Draufsicht ohne textile Decklage; rechts: Querschnitt des Lagenaufbaus) 32
Abbildung 27: Entwickeltes Formgebungswerkzeug in der Übersicht mit Harzablaufrinne und Quetschkante im Detail 32
Abbildung 28: Statische Pressversuche im seitlich offenen Werkzeug 33
Abbildung 29: Druck- und Temperaturprofil für statische Pressversuche im seitlich offenen Werkzeug 33
Abbildung 30: Schliffbildanalyse: Reduktion der Lufteinschlüsse durch Erhöhung des Pressdrucks 34

Abbildungsverzeichnis

Abbildung 31: Untersuchung der Bauteilqualität mittels µCT 34
Abbildung 32: Angestrebte Prozesskette des Forschungsvorhabens aus dem Forschungsantrag 35
Abbildung 33: Fusion der einzelnen Arbeitspakete zu der angestrebten Prozesskette 35
Abbildung 34: Temperaturprofil im kontinuierlichen Prozess bei einer Abzugsgeschwindigkeit von 100 mm/min 37
Abbildung 35: Schliffbilder im Vergleich: 3 lagiger (links) und 4 lagiger (rechts) Lagenaufbau 38
Abbildung 36: Faserorientierung vor und nach der Justierung der Sickenrolle 39
Abbildung 37: Druckversuch zur Charakterisierung der mechanischen Eigenschaften des Pultrudats 40
Abbildung 38: Aufzeichnungen der Kraftmessung im Druckversuch 40
Abbildung 39: µCT-Aufnahmen der Profile vor (oben links) und nach dem Druckversuch 41
Abbildung 40: Detailaufnahme der Faserausrisse und Delamination eines Prüfkörpers nach der mechanischen Prüfung 41
Abbildung 41: Gewicht eines Pkw-Seitenaufpralltragers im Materialienvergleich 50

Tabellenverzeichnis

Tabelle 1: Materialdaten des textilen Halbzeugs der Fa. J.H. vom Baur & Sohn GmbH & Co. KG 16
Tabelle 2: Materialdaten des Harzfilms der Fa. c-m-p GmbH 16
Tabelle 3: Prüfergebnisse des Schlaufentests nach DIN EN 1719 in Abhängigkeit der Temperatur 20
Tabelle 4: Ergebnisse des T-Peel Tests bei 23 °C in Abhängigkeit des Anpressgewichts 21
Tabelle 5: Gegenüberstellung der Messergebnisse der IR-Spektroskopie und DSC-Analyse bei unterschiedlichen Lagerungsbedingungen 28
Tabelle 6: Gegenüberstellung der Messergebnisse aus IR-Spektroskopie und Gewichtskontrolle bei unterschiedlichen Lagerungsbedingungen (Lf = Luftfeuchtigkeit) 28
Tabelle 7: Materialkosten - Stahlprofil im Vergleich zu CFK-Profil 42
Tabelle 8: Geplante Arbeitspakete / umgesetzte Arbeitspakete 43
Tabelle 9: Transferaktivitäten während der Projektlaufzeit 53
Tabelle 10: Transferaktivitäten nach Projektabschluss 54

Literaturverzeichnis

[ALG00] Alghamdi, A.A.A.: Collapsible impact energy absorbers: an Overview. Elsevier. Thin-Walled Structures 39, S. 189–213, 2000

[BAD02] Bader, M.G.: Selection of composite materials and manufacturing routes for costeffective performance. Composites Part A: Applied Science and Manufacturing. Volume 33, Pages 913–34, 2002

[BAN01] Bannister, M.: Challenges for composites into the next millennium a reinforcement perspective. Composites Part A: Applied Science and Manufacturing 32, Nr. 7, S. 901-910, 2001

[BAS98] Basavaraju, D.H.: Design and analysis of a composite beam for side impact protection of a sedan. Master Thesis, Mysore University, India, 1998

[BÄU12a] Bäumer, R.; Haase, W.; Mielert, F.; Ocanto, L.; Schmid,F.: Entwicklung leichter Profile und Bauteile aus faserverstärkten Kunststoffen für Anwendungen in der textilen Gebäudehülle und der Fenstertechnik. (PROFAKU). Abschlussbericht. Forschungsinitiative Zukunft Bau, Band F 2805. Faserinstitut Bremen e.V. - FIBRE-; Univ. Stuttgart, Institut für Leichtbau, Entwerfen und Konstruieren - ILEK-; FH Dortmund, Fachbereich Architektur, 2012

[BÄU12b] Bäumer, R., Evers, J.F.: Neue Entwicklungen für Bauteile aus Faserverbundkunststoffen im Bauwesen, 5. INNOVATION DAY "Civil Engineering", Stade, 2012

[BMU12] Bundesministerium für Umwelt, Naturschutz und Reaktorsicherheit (BMU) - URL: http://www.bmu.de, 2012

[BRE07] Brecher, A.: A Safety Roadmap for Future Plastics and Composites Intensive Vehicles. U.S. Department of Transportation. Research and Innovative Technology Administration. John A. Volpe National Transportation Systems Center. Advanced Safety Technology Division. Report No. DOT HS 810 863, 2007

[BRO13] Brosius, D.: Advanced Pultrusion Takes Off In Commercial Aircraft Structures. Composites World. Online Article. URL: http://www.compositesworld.com, 2003

[BRO89] Brockmann, W.; Dorn, L.; Käufer, H.: Kleben von Kunststoff mit Metall, Springer-Verlag, Berlin 1989

[BUL14] Bull, D.J; Scott, A.E.; Spearing, S.M.; Sinclair, I.: The influence of toughening-particles in CFRPs on low velocity impact damage resistance performance. Composites: Part A 58 47–55. Elsevier, 2014

[CHE97] Cheon, S.S.; Lee, D.L.; Jeong, K.S.: Composite side-door impact beams for passenger cars. Composite Structures Vol. 38, No. 1-4, pp. 229-239, Elsevier, 1997

[COM16] Dawson, Donna: EPTA's World Pultrusion Conference spotlights innovation. URL: http://www.compositesworld.com/articles/eptas-world-pultrusion-conference-spotlights-innovation

[DLR12] Deutsches Zentrum für Luft- und Raumfahrt: Leichtbau für das Auto der Zukunft - Das Institut für Fahrzeugkonzepte auf der Hannover Messe. URL: www.dlr.de, 2012

[FAV13] Favaloro, M.: The CCM Process for Automated Continuous Compression Molding of Thermoplastic Composites. SAMPE Technical Conference Proceedings. Wichita, KS, 2013

[FER09] Feraboli, P.; Wade, B.; Deleo, F.; Rassaian, M.: Crush energy absorption of composite channel section specimens. Elsevier. Composites: Part A 40, S. 1248–1256, 2009

[FLE96] Flemming, M.; Ziegmann, G.; Roth, S.: Faserverbundbauweisen - Halbzeuge und Bauweisen, Springer-Verlag, Berlin 1996

[FoA12] Forschungsvereinigung Automobiltechnik e.V.: Beitrag zum Fortschritt im Automobilleichtbau durch belastungsgerechte Gestaltung und innovative Lösungen für lokale Verstärkungen von Fahrzeugstrukturen in Mischbauweise. FAT-Schriftenreihe 244, 2012

[FUC08] Fuchs, E.R.H.; Field, F.R.; Roth, R.; Kirchain, R.E.: Strategic materials selection in the automobile body: Economic opportunities for polymer composite design. Composites Science and Technology 68, page 1989–2002. Elsevier, 2008

[GAR10] Gardiner, G.: Aerospace grade compression molding. Composites World. Online Article. URL: http://www.compositesworld.com/, 2010

[GHA13] Ghadianlou, A.; Abdullah, S.B.: Crashworthiness design of vehicle side door beams under low-speed pole side impacts. Thin-Walled Structures 67, page 25–33. Elsevier, 2013

[GTM12] Gesamtverband der deutschen Textil- und Modeindustrie e.V. - URL: http://www.textil-mode.de/, 2012

[HER03] Herrmann, A. S.: Produktionstechnik – Ein Weg zur Massenproduktion von CFK-Leichtbaustrukturen, 9. Chemnitzer Textilmaschinentagung, 20.11.2003

[HER11] Herrmann, A.S.; Brauner, C.; Dommes, H.; Purol, H.; Torstrick, S.: Herstellung definiert gekrümmter Profile mit dem Pultrusionsverfahren (PULKRUM). Abschlussbericht. Faserinstitut Bremen, 2011

[IKA13] Institut für Kunststoffverarbeitung RWTH Aachen: URL: http://www.ikv-aachen.de/fileadmin/ikv-uploads/Forschungsschwerpunkte/Faserverstaerkte_Kunststoffe/FVK-EN-Roving-based-processes.pdf, 2013

[JAC02] Jacob, G.C.; Fellers, J.F.; Simunovic, S.; Starbuck, J.M.: Energy Absorption in Polymer Composites for Automotive Crashworthiness. Journal of Composite

Materials, S. 36-813, 2002

[JAM14] Jamco Process Description. URL: http://www.jamco.co.jp/, 2014

[JAN09] Jang, W.-J.; Kyriakides, S.: On the crushing of aluminum open-cell foams: Part I. Experiments. Elsevier. International Journal of Solids and Structures. Volume 46. S. 617-634, 2009

[KAR01] Karal, M.: AST composite wing program – executive summary, NASA/CR-2001-210650. Boeing, 2001

[KBA12] Kraftfahrt-Bundesamt - URL: http://www.kba.de, 2012

[KIM02] Kim, H.-S.: New extruded multi-cell aluminum profile for maximum crash energy absorption and weight efficiency. Elsevier. Thin-Walled Structures 40, S. 311-327, 2002

[LÄS12] Lässig, R.; Eisenhut, M.; Mathias, A.; Schulte, R.; Peters, F.; Kühmann, T.; Waldmann, T.; Begemann, W.: Serienproduktion von hochfesten Faserverbundbauteilen; Perspektiven für den deutschen Maschinen- und Anlagenbau. Roland Berger Strategy Consultants, VDMA, 2012

[LI03] Li, Y.; Lin, Z.; Jiang, A.; Chen, G.: Use of high strength steel sheet for lightweight and crashworthy car body. Materials and Design 24, page 177–182. Elsevier, 2003

[LIM02] Lim, T.S.; Lee, D.G.: Mechanically fastened composite side-door impact beams for passenger cars designed for shear-out failure modes. Composite Structures 56, page 211–221. Elsevier, 2002

[LIN05] Linti, C.; Milwich, M.; Planck, H.: Thermoplast-Flecht-Pultrusion von dünnwandigen Hohlprofilen 19. Stuttgarter Kunststoff-Kolloquium, 2005

[LIU13] Liu, Q.; Lin, Y.; Zong, Z.; Sun, G.; Li, Q.: Lightweight design of carbon twill weave fabric composite body structure for electric vehicle. Composite Structures 97, page 231–238. Elsevier, 2013

[LOO02] Loos, A.C.; Rattazzi, D.; Batra, R.C.: A Three-Dimensional Model of the Resin Film Infusion Process. Journal of Composite Materials 36: 1255, 2002

[MAC16] Marquez Macias, F.: Untersuchung der IR-Spektroskopie zur Qualitätsbestimmung von adhäsiven Filmen in Abhängigkeit von variierenden Lagerbedingungen, Hochschule Bremen, März 2016

[MEI07] Meiners, D.: Beitrag zur Stabilität und Automatisierung von CFK-Produktionsprozessen. Dissertation. Technischen Universität Clausthal. Fakultät für Natur- und Materialwissenschaften, 2007

[NAF06] Naffakh, M.; Dumon, M.; Gérard, J.F.: Study of a reactive epoxy–amine resin enabling in situ dissolution of thermoplastic films during resin transfer moulding for toughening composites. Composites Science and Technology 66, page

1376–1384. Elsevier, 2006
[NCA13]   European New Car Assessment Programme. URL: www.euroncap.com
[NHT98]   National Highway Traffic Safety Administration. Department of Transportation: 49 CFR Parts 571. Federal Motor Vehicle Safety Standards. Head Impact Protection, 1998
[NHT10]   Crash Savety Assurance Strategies for Future Plastic and Composite Intensive Vehicles. National Highway Traffic Safety Administration 2010
[ORS07]   Orsato, R.J.; Wells, P.: U-turn: the rise and demise of the automobile industry. Journal of Cleaner Production 15, page 994-1006. Elsevier, 2007
[PAR03]   Park, J.; Kang, M.K.: A numerical simulation of the resin film infusion process. Journal Composite Structures 60 431–437, 2003
[PUR11a] Purol, H.; Reinhold, R.; Stieglitz, A.; Herrmann, A.S.: Continuous Preforming Technologies for curved CFRP Frames, 5. Internationalen CFK-Valley Stade Convention, Stade, 2011
[PUR11b] Purol, H.: Entwicklung kontinuierlicher Preformverfahren zur Herstellung gekrümmter CFK-Versteifungsprofile. Dissertation: Logos Verlag Berlin, Universität Bremen, 2011
[SAN98]   Santosa, S.; Wierzbicki, T.: Crash behavior of box columns filled with aluminum honeycomb or foam. Pergamon. Computers and Structures 68, S. 343-367, 1998
[SCH06]   Schiebel, P.; Hermann, A.S.; Eberth, U.: Hochleistungsverbundbauteile auf Basis textiler Halbzeuge - Herausforderungen und Entwicklungen, 33. Aachener Textiltagung, 23.11.-24.11.2006
[SCH12]   Schmidt, A. P.: Faserverbundwerkstoffe im Automobilbau: Methodischer Ansatz zur Analyse von Schäden. Dissertation: Universität Stuttgart 2012
[SCHÜ07] Schürmann, M.: Konstruieren mit Faser-Kunststoff-Verbunden, Springer Verlag, Berlin, 2007
[SCHW06] Schwarz, M. K.: Elektrisch leitfähige Füllstoffnetzwerke in Duroplasten auf der Basis von Kohlenstoff-Nanopartikel, -Nanofasern und -Nanotubes. Dissertation: Cuvillier-Verlag Göttingen, Hamburg 2006
[SHA07]   Shahbeyk, S.; Petrinic, N.; Vafai, A.: Numerical modelling of dynamically loaded metal foam-filled square columns. Elsevier. International Journal of Impact Engineering. Volume 24 S. 573-586, 2007
[SMI12]   Smith, B.H.; Szyniszewski, S.; Hajjar, J.F.; Schafer, B.W.; Arwade, S.R.: Steel foam for structures: A review of applications, manufacturing and material properties. Elsevier. Journal of Constructional Steel Research. Volume 71, 2012
[STA00]   Starr, T. F.: Pultrusion for Engineers, Woodhead Publishing Ltd: Abington

Cambridge, 2000

[SWI13] Swift T.K.; Moore, M.G.; Sanchez, E.: Changing customer dynamics: chemistry and light vehicles. American Chemistry Council. Economics and Statistics Department; 2013

[TAN13] Tan, H.; Yao, Y.L.: Feasibility analysis of inter-laminar toughening for improving delamination resistance. Manufacturing Letters 1, page 33–37. Elsevier, 2013

[TAV12] Tavassoli, N.; Darvizeh, A.; Darvizeh, M.; Sabet, S.A.; Ganjgahi, H.: Numerical and experimental investigation of the effect of fiber orientation on crash behavior of composite hat shape energy absorber. International Journal of Automotive Engineering, Vol. 2, Number 1, January 2012

[TEX16] Textechno: Automatischer Drapierbarkeitsprüfer DRAPETEST. URL: http://www.textechno.com/product/drapetest/?lang=de, 2016

[VOI09] Herbeck, L.: Anforderungen an eine Faserverbund-Produktionstechnik, Voith Materials, Braunschweig: 2009

[WIE06] Wiedmer, S.: Zur Pultrusion von thermoplastischen Halbzeugen: Prozessanalyse und Modellbildung. Dissertation, IVW Institut für Verbundwerkstoffe, Technische Universität Kaiserslautern 2006

[YAH13] Yahyaie, H.; Ebrahimi, M.; Tahami, H.V; Mafi, E.R.: Toughening mechanisms of rubber modified thin film epoxy resins. Progress in Organic Coatings 7, page 286– 292, 2013

www.ingramcontent.com/pod-product-compliance
Lightning Source LLC
Chambersburg PA
CBHW050015230526
45470CB00003B/985